20 ANOS DO EMFOCO HISTÓRIAS EM AÇÃO

Cecília Manoella Carvalho Almeida
Marcus Vinícius Oliveira Lopes da Silva
Organizadores

20 ANOS DO EMFOCO HISTÓRIAS EM AÇÃO

2023

1ª Edição

Direção editorial: José Roberto Marinho

Projeto gráfico e diagramação: Fabrício Ribeiro

Edição revisada segundo o Novo Acordo Ortográfico da Língua Portuguesa

Dados Internacionais de Catalogação na publicação (CIP)
(Câmara Brasileira do Livro, SP, Brasil)

---

20 anos do EMFoco histórias em ação / organizadores Cecília Manoella Carvalho Almeida, Marcus Vinícius Oliveira Lopes da Silva. – São Paulo, SP: Livraria da Física, 2023.

Vários autores.
Bibliografia.
ISBN 978-65-5563-388-7

1. Matemática 2. Matemática - Estudo e ensino 3. Práticas educacionais 4. Professores - Formação I. Almeida, Cecília Manoella Carvalho. II. Silva, Marcus Vinícius Oliveira Lopes da.

23-177341 CDD-510.7

Índices para catálogo sistemático:
1. Matemática: Estudo e ensino 510.7

Tábata Alves da Silva - Bibliotecária - CRB-8/9253

Editora Livraria da Física
www.livrariadafisica.com.br
www.lfeditorial.com.br
(11) 3815-8688 | Loja do Instituto de Física da USP
(11) 3936-3413 | Editora

O Grupo EMFoco agradece a:
Adriana, Antonio Carlos, Antonio Luis, Arley,
Cláudia, Dandara, Daniel, Elisangelo, Epaminondas,
Estêvão, Fernando, Geovana, Guilherme, Guilherme
Luís, Helena, Henrique, Íris, Ivanise, Lilian, Lorena,
Luis Antonio, Roberta, Rosa, Sanio e Shirley
Pelo apoio e incentivo.

PREFÁCIO

O convite para que eu elaborasse este prefácio me deixou honrada e orgulhosa de fazer parte da comemoração destes vinte anos do grupo EMFoco, um grupo que até hoje não tem vínculo com qualquer instituição ou organização acadêmica. Soube da existência do grupo quando Gilson Bispo de Jesus chegou à PUC-SP para fazer seu mestrado em Educação Matemática. Como membros do mesmo grupo de pesquisas, PEA-MAT, pudemos trocar ideias e trabalhar juntos em várias formações de professores, inclusive nas que foram tratadas em seu mestrado e doutorado, e que deram início a uma aprazível amizade. Lembro que discutíamos a respeito dos desafios de um grupo de estudos formado por professores que, na época, eu acreditava que não teria vida longa. Para minha surpresa, o empenho e dedicação de seus idealizadores fizeram com que vingasse, servisse de referência para outros grupos e fosse respeitado no país e internacionalmente, principalmente por seus membros participarem de eventos da área.

Entendo que é impossível discutir Educação Matemática sem professores, sem projetos que atuem nas escolas, sem conhecer o cotidiano das salas de aula. Foi nesse desafio que o grupo mostrou competência sem igual, talvez por ter, desde o início, dedicado tempo para "com a palavra, o professor", que, a maioria dos depoimentos, aponta como um dos momentos mais importantes das reuniões do grupo. Tive oportunidade de ir a Amargosa algumas vezes, quando conheci alguns membros do grupo e pude presenciar o trabalho do grupo com o PIBID, ao participar de algumas reuniões e da banca de dois trabalhos de conclusão de curso da licenciatura em matemática da UFRB. Nessas visitas pude constatar o engajamento verdadeiro de membros desse grupo em prol do ensino de matemática, principalmente na educação básica, tão carente de discussões na própria escola, pois cada uma tem suas particularidades e necessidades. No entanto, o grupo foi além e hoje se empenha em discutir o ensino e a aprendizagem de matemática, não só na educação básica, mas também em outros níveis ou modalidades de ensino, como o ensino superior (não se restringindo apenas às licenciaturas em matemática), a EJA e a educação no campo.

Quando atuamos em uma pós-graduação, seja formando especialistas ou mestres e doutores, é comum os alunos acreditarem que seus trabalhos provocarão mudanças nas práticas dos professores ou ainda na educação do país. No entanto, sabemos que apenas alguns desses trabalhos se tornarão referência para outros trabalhos e, raramente, atingem efetivamente alguns professores. Nesse sentido, o grupo EMFoco conseguiu reunir professores tanto para fazê-los refletir, prática e teoricamente, suas ações docentes, quanto para estimulá-los a aprofundar seus estudos, tornando-se especialistas, mestres e doutores. Esse movimento em ação é possível observar na leitura deste quarto livro, em comemoração aos vinte anos do grupo com a apresentação de uma síntese de sua história, em três capítulos, e seis sequências didáticas para o ensino de diversos conteúdos matemáticos para o ensino básico.

No primeiro, Cecília Manoella Carvalho Almeida, Elda Vieira Tramm, José Walber de Souza Ferreira e Anderon Melhor Miranda discorrem a respeito da constituição e do percurso percorrido pelo grupo. Um início interessante, visto que a ideia surge de um grupo de professores, alunos de um curso de especialização, que sentiu necessidade de continuar a discutir e a refletir a respeito do ensino de matemática. Para que os resultados dessas discussões fossem ouvidos, começam a participar de eventos, não só como ouvintes, mas também como produtores de conhecimentos, além da organização de cursos para a formação continuada de professores. Com o passar dos anos alguns de seus membros sentem necessidade de aprofundar seus conhecimentos teóricos em cursos de mestrados e doutorados, inclusive fora do país, sem esquecer seus vínculos, principalmente, com o ensino básico. A formação de professores nunca deixou de ser o foco do EMFoco, mesmo durante a pandemia do coronavirus. Os autores no decorrer do capítulo mostram suas relações com outras universidades nacionais e internacionais e apresentam os livros publicados a cada cinco anos de existência do grupo.

No segundo capítulo, o grupo reforça seu objetivo original de se dedicar à educação básica, Claudia Regina Cruz Coelho de Jesus, Eliete Ferreira dos Santos, José Walber de Souza Ferreira e Jussara Gomes Araújo Cunha descrevem suas vivências como professores do ensino básico e como membros do grupo EMFoco. Claudia, sócia-fundadora do grupo, mostra seu percurso de transformação como professora até atingir o ponto de conquistar sua autoformação continuada, ou seja, como as discussões do grupo estimulam os professores a se desenvolver por conta própria, com autonomia. Eliete descreve as contribuições do grupo em sua formação e apresenta as diversas atividades que participou, entre elas a que discutiu Educação Financeira com alunos do ensino médio, diversas feiras de matemática, um estudo de geometria por meio de artes e a discussão de um curta-metragem para observar relações entre matemática e outras áreas de conhecimento. Walber reforça a importância dos professores do grupo se comprometerem com sua prática pedagógica, não se eximindo de "opinar, criticar, ouvir e construir junto com o outro". Mostra ainda a importância de fazer, discutir e refazer atividades para a sala de aula para, posteriormente, serem socializadas em eventos por meio de relatos de experiência. No final de seu relato, apresenta um projeto para desenvolver a capacidade de socialização de saberes, por meio de estudos, a fim de melhorar o desempenho dos alunos em matemática. Finalmente, Jussara descreve seu processo de transformação, enquanto professora participante do grupo EMFoco, a partir da percepção de que não podia mais ensinar da mesma maneira que aprendeu. Como participante ativa do grupo, mostra que as discussões a levaram a fazer um curso de especialização, a buscar aprofundar seus conhecimentos de matemática e a refletir, questionar e a criar. Em suma, é contundente ao afirmar a importância do trabalho colaborativo entre professores para o aperfeiçoamento "da prática docente, do desenvolvimento profissional e do fortalecimento desses profissionais perante a sociedade".

No capítulo seguinte, os autores Anete Otília Cardoso de Santana Cruz, Leandro do Nascimento Diniz, Gilson Bispo de Jesus e Anderon Melhor Miranda apresentam a contribuição do grupo EMFoco, alguns desde sua fundação, na (auto)formação de professores em licenciaturas de matemática com foco na relação entre "ensino, pesquisa, extensão e gestão" e a (auto)formação e desenvolvimento profissional. Anderon, professor com mais de vinte anos de experiência, mostra seu percurso no grupo, principalmente no ensino superior, até hoje como professor do Mestrado em Educação Científica, Inclusão e Diversidade da Universidade Federal do Recôncavo da Bahia em que se dedica a diversas linhas de pesquisa. Relata a fundação do grupo com uma "formação continuada informal" de professores, sua evolução para se transformar em um "espaço familiar, educacional e de estímulos para professores de matemática" e de que forma o grupo contribuiu para seu desenvolvimento profissional nesses vinte anos. Anete descreve sua trajetória profissional desde 2006, quando ingressou no grupo enquanto professora da educação básica, até os dias de hoje como uma doutora que tem interesse no ensino de matemática para alunos com necessidades especiais. Salienta a criação, em 2015, do Grupo de Estudo e Pesquisa em Educação Matemática, do Instituto Federal da Bahia, em que se dedica a discutir a Educação Matemática Inclusiva. Gilson também descreve sua trajetória profissional, desde a adolescência como professor particular de matemática até seu doutorado em Educação Matemática, para mostrar a influência do grupo em sua formação desde sua fundação. Hoje, se dedica à formação de professores, principalmente a inicial, com especial atenção à "dialética entre o ensino e a aprendizagem de matemática" no sentido de estudar as relações entre teoria e prática, pois não acredita na discussão de uma sem a outra. Leandro apresenta um relato bem-humorado a respeito de sua trajetória profissional ao explicitar relatos de seus alunos que apontam para suas próprias mudanças enquanto professor, que ocorrem quando percebe a importância de os alunos construírem seus próprios conhecimentos. Também inicia como professor da educação básica até tornar-se doutor, professor do ensino superior no curso de licenciatura em matemática do Centro de Formação de Professores da UFRB. Relata como alterou o acompanhamento dos alunos no Estágio Supervisionado ao alterar os papéis de regente e de alunos de licenciatura, inclusive com a participação de alunos do ensino médio. No final de seu depoimento, mostra como o grupo EMFoco se transformou nesses vinte anos, ao ir além de um grupo com foco no trabalho colaborativo para discutir o ensino e a aprendizagem de matemática, e passar para um grupo em que relações de amizade também foram construídas, no que chamou de "momentos profanos", quando as famílias também se integraram ao grupo em momentos de lazer que, segundo ele, fazem parte do oxigênio que mantém o grupo unido.

Na parte do livro que trata de atividades para o ensino de algum conteúdo de matemática, a primeira se refere ao ensino de função polinomial de segundo grau e é apresentada por Jussara Gomes Araújo Cunha e Elda Vieira Tramm. As autoras oferecem uma sequência didática, em quatro etapas, baseada em discussões a respeito do logotipo do McDonald's para que os alunos mobilizem conhecimentos dessa função, além de outros conhecimentos relacionados. As autoras orientam detalhadamente e teoricamente os professores que quiserem se apropriar e aplicar tal sequência didática.

A segunda sequência didática, apresentada por Marcus Vinícius Oliveira Lopes da Silva, aborda a construção da esponja de Menger, uma estrutura fractal tridimensional, por meio de origami. Dependendo do grau de dificuldade que essa construção atinge, em sala de aula, pode ser aplicada no ensino fundamental ou no ensino médio, pois permite o estudo de geometria plana, números racionais, potenciação, razão e proporção, séries numéricas e limite de função. Além de mostrar a própria construção da esponja, o autor apresenta atividades para sala de aula e orientações para professores que desejarem aplicar tal sequência.

A terceira sequência, desenvolvida por Anete Otília Cardoso de Santana Cruz, tem por objetivo introduzir a noção de sequências numéricas presentes nos programas do ensino médio, baseada na descoberta de padrões e suas possíveis generalizações. Essa proposta é seguida de dicas que orientam sua aplicação com alunos que apresentam diversas necessidades especiais. A sequência é composta de três atividades para as quais a autora apresenta algumas orientações específicas.

A quarta sequência, elaborada e já aplicada por Leandro do Nascimento Diniz, é um recorte de seu doutorado e propõe uma atividade de modelagem matemática para o ensino médio, que se baseia na criação de suínos com objetivo de estudar Estatística, especialmente no estudo de seus gráficos. O autor detalha toda a atividade, desde a leitura de um texto introdutório, até as possíveis questões com orientações específicas e detalhadas para o professor.

A quinta sequência, construída por Gilson Bispo de Jesus, tem foco em geometria plana e como objetivo discutir o cálculo de medida de área de figuras "estranhas" que, para o autor, são aquelas que não possuem uma fórmula para esse cálculo e que não permitem composição ou decomposição. Essa sequência foi aplicada com alunos do 8º ano do ensino fundamental e após discussões e ajustes foi referência para um Trabalho de Conclusão do Curso de licenciatura em matemática. O autor detalha os conhecimentos matemáticos que são mobilizados para a realização da sequência, orienta para o material manipulativo necessário para, então, apresentar as atividades da sequência. O autor proporciona orientações detalhadas para os professores para mostrar que a base para o cálculo das medidas de áreas solicitadas está na medida de massa e, portanto, na densidade do material utilizado para a construção das figuras.

A sexta e última sequência, apresentada por Daniela Santa Inês Cunha, trata de conexões entre geometria e álgebra por meio de generalização de padrões e, como estratégia de ensino, a investigação controlada que pode ser trabalhada tanto no ensino fundamental quanto no ensino médio. A sequência é composta de duas tarefas que são minuciosamente discutidas nas orientações que a autora apresenta para professores.

Por fim, cabe aqui sugerir a leitura deste livro a professores de matemática, em formação inicial ou continuada, de qualquer nível ou modalidade de ensino. Além de sugestões práticas para sala de aula do ensino básico, o livro mostra para pesquisadores o potencial formativo de grupos de estudos comprometidos com a qualidade do ensino de matemática. Nos primeiros capítulos, mostram como o grupo se constituiu e como, por vinte anos, desenvolveram suas atividades, foram motivadores para a constituição de outros grupos e a importância de que outros grupos sejam formados. Parabéns, EMFoco.

Boa leitura!
Maria José Ferreira da Silva
São Paulo, maio de 2023

SUMÁRIO

EMFOCO EM AÇÃO

SEQUÊNCIAS DIDÁTICAS

O PERCURSO DO GRUPO EMFOCO

Cecilia Manoella Carvalho Almeida
cecipatinho@gmail.com

Elda Vieira Tramm
etramm1@gmail.com

José Walber de Souza Ferreira
walbersf@gmail.com

Anderon Melhor Miranda
profanderon@ufrb.edu.br

Há vinte anos um grupo de professores oriundos da primeira turma do curso de Especialização em Educação Matemática da Universidade Católica de Salvador resolveu se juntar em prol de um objetivo: continuar dialogando sobre o ensino de matemática e a Educação Matemática do Brasil, em especial, as discussões a respeito das suas salas de aulas. Nesse propósito, ao longo dos anos, esse grupo foi desenvolvendo contribuições significativas como um grupo colaborativo. Essa é a estória e história do Grupo de Estudos e Pesquisas Educação Matemática em Foco (Grupo EMFoco).

Esse capítulo inicial apresenta ao leitor um pouco do que nós (EMFoco) somos, de onde partimos e nossa trajetória em torno das nossas discussões em prol da Educação Matemática.

Ao longo desses anos, enquanto desenvolvíamos uma dinâmica de encontros, pautada em discussões, reflexões e construções significativas, tivemos a possibilidade de participar de eventos, estabelecer parcerias em projetos e pesquisas, propor mudanças em documentos oficiais da Educação da Bahia, dentre outros. O EMFoco era convidado a estar e, quando era possível, estávamos presentes representando o grupo sempre de forma autônoma e colaborativa, uma vez que nossa representação sempre foi e é em nome do grupo e pela defesa das suas ideias.

O Grupo EMFoco é de resistência, uma irmandade que, no decorrer da nossa trajetória, vivenciou/vivencia os avanços e percalços da sala de aula. Afirmamos isso pelas dificuldades que foram enfrentadas pelos grupos de estudo e pesquisa através da crescente exigência de produção de manuscritos para manterem suas inscrições nas plataformas. Com outras demandas, estabelecidas como principais, a luta do EMFoco sempre foi, a seu tempo, ser colaborativo e independente.

Isso não significa que o grupo deixou de lado a produção e busca por metodologias de melhoria e avaliação dos processos de ensino e de aprendizagem de matemática em sala de aula. Muito pelo contrário, já que essa postura autônoma sempre exigiu do grupo disciplina e organização para que, de forma independente, os estudos e contribuições ocorressem.

Partindo de uma temática de estudo, os integrantes do grupo se reuniam presencialmente para estudar, organizar contribuições e até mesmo produções e cursos a serem apresentados nos eventos de Educação Matemática e áreas afins, para os quais nos distribuíamos para ir.

Com a chegada da pandemia do coronavírus, da covid-19, vieram novos aprendizados, adaptação e uso constante das Tecnologias Digitais de Informação e Comunicação (TDIC), assim como outras formas de organizar as reuniões e eventos que realizávamos. As palestras e aulas *on-line* fizeram com que aprendêssemos, junto com os demais professores, a criar estratégias de avaliação e promoção da aprendizagem, de forma virtual.

Destacamos que nesse período pandêmico, fizemos nossa comemoração de aniversário com uma *live*, uma necessidade para o momento, pois estávamos todos reclusos em nossas casas. Essa condição também permitiu contemplar nas reuniões, a participação de membros que estavam distantes "geograficamente" das reuniões presenciais, como a companheira Elda, que desenvolveu pesquisas colaborativas e ministra cursos, em Centros de Formação de Professores em Portugal, merecendo registro aqueles ministrados em parceria com o Centro Nacional de Formação de Professores da Associação de Professores de Matemática (APM) instituição que desempenha papel semelhante ao da Sociedade Brasileira de Educação Matemática (SBEM).

Esses cursos tinham como objetivo criar condições para que o professor/aluno elaborasse um projeto de intervenção em sua sala de aula. Os cursos tinham 80h, sendo 40h para sua aplicação em sala de aula. Dois grandes desafios para Elda foram trabalhar com professores da Educação Básica (1º ao 4º ano) junto ao Centro de Formação de Santiago (https://www.cfosantiago.edu.pt/) e o outro com desempregados, no Centro de Formação Sindical e Aperfeiçoamento Profissional (https://www.cefosap.pt/). Estes demandaram pesquisa específica dos interesses dos alunos para elaborar fichas de atividades.

Os alunos do 4º ano da Educação Básica ganharam o prêmio do Ano Mundial da Matemática (AMM). Eles construíram uma bola de futebol feita por pentágonos e hexágonos que exigiu o estudo de polígonos regulares para redescobrir a Fórmula de Euler e propriedades de triângulos e quadriláteros. E os professores construíram um Icosaedro, com 1m de aresta, que, por decisão dos alunos, foi colocado na porta da escola, e despertou curiosidade na comunidade externa (formada por pais, encarregados de educação etc.).

Com os alunos/desempregados, o desafio foi mostrar a utilidade da Matemática respeitando o programa definido pelo Ministério de Educação de Portugal (ME e no Brasil, MEC) e a cartilha Matemática para a Vida (https://catalogo.anqep.gov.pt/ufcd), que consta de 4 partes (A, B, C e D). Esse objetivo foi alcançado, uma vez que os alunos/desempregados no curso A cursaram os demais cursos e a escrita das fichas de atividades para os cursos C e D foram escritas com mais duas colegas: as professoras Manuela Mouro e Sandrine Silva.

Hoje o grupo é constituído de treze integrantes distribuídos na Bahia (Salvador e Amargosa) e Portugal. As reuniões ocorrem presencialmente ou virtualmente, mensalmente, aos sábados, e nelas, além de aprovar a proposta da pauta para a reunião seguinte, disponibilizamos um momento chamado: *com a palavra, o professor*, em que um dos membros apresentam, por exemplo, uma sequência didática sobre determinado conteúdo matemático para a sala de aula a fim de provocar reflexões e contribuições. Cabe ressaltar que outras discussões são apresentadas nesse momento, a exemplo, a proposta de Gilson, que é uma sequência deste livro, e a socialização de projetos de pesquisa ou pesquisas em andamento (mestrado ou doutorado), o foco é a palavra do professor emfoquiano.

O Grupo EMFoco, para além da formação continuada de seus participantes, inovou com algumas parcerias com a Secretaria de Educação do Estado da Bahia (SEC/BA) através do ciclo de Videoconferências intitulada

Descomplicando a Matemática, que tinha como objetivo principal abrir um espaço de discussão a respeito de atuais tendências em Educação Matemática; bem como do Curso Educação Matemática na Escola do Ensino Médio (EMEEM), um projeto de Formação Continuada (incoerência) em parceria com o Instituto Anisio Teixeira (IAT), vinculado à SEC/BA (IAT-SEC/BA), baseado na formação de grupos de estudos e na autoformação continuada. Atividades para a sala de aula foram discutidas, juntamente com algumas das Tendências em Educação Matemática, para os diversos polos do interior do Estado e para os polos parceiros de Salvador, como por exemplo, o IFBA.

Em âmbito nacional, o Grupo EMFoco idealizou e promoveu dois Fóruns de Grupos de Estudos e Pesquisas em Educação Matemática. O primeiro ocorreu em Salvador, como evento satélite do X Encontro Nacional de Educação Matemática (ENEM) (junho/2010) e o segundo em Curitiba-PR, durante o XI ENEM, em julho/2013. Esses Fóruns têm como objetivo proporcionar o intercâmbio entre professores, estudantes de graduação, pesquisadores e outros interessados em questões relativas à Educação Matemática, a fim de debater o papel dos grupos de estudos e pesquisas nessa área de pesquisa. Esse protagonismo, para além do limite estadual, rendeu-nos a participação na Organização Permanente dos Simpósios Nacionais de Grupos Colaborativos e de Aprendizagem do Professor que Ensina Matemática que, atualmente, se encontra na sua quarta Edição.

Ainda do ponto de vista nacional, durante anos a Sociedade Brasileira de Educação Matemática (SBEM) buscou a criação do Dia Nacional da Matemática, no dia 06 de maio, em homenagem à data de nascimento de um dos mais importantes recreacionistas e popularizadores da Matemática de todo o mundo, o Prof. Júlio César de Mello e Souza (1895-1974), mais conhecido como Malba Tahan, que foi oficializada em junho de 2013. Em Salvador, por sugestão do EMFoco, a vereadora Vânia Galvão enviou um Projeto à Câmara de Vereadores instituindo o Dia Municipal da Matemática, já aprovado e sancionado pelo então prefeito João Henrique Carneiro, sob nº 7894/2010.

O trabalho desenvolvido pelo EMFoco na formação continuada de professores, na disseminação da Educação Matemática em nosso Estado por meio da participação em diversos eventos e na socialização de suas ações, levou o EMFoco a ser o primeiro Núcleo da SBEM-BA. Um núcleo é composto de, pelo menos, cinco sócios associados, organizado por região, cidades, instituições de estudo ou trabalho, dentre outros, e tem a função de potencializar a ação da entidade no espaço que atua. Além disso, membros do Grupo EMFoco participaram de diversas Diretorias da SBEM-BA de 2007 a 2022, estando à frente nas gestões 2016-2019 e 2019-2022. Esse protagonismo levou-nos a participar na Direção Nacional Executiva (DNE) da SBEM Nacional, no período 2013-2016, quando o sócio José Walber assumiu a segunda Tesouraria.

Como Grupo de Estudos e Pesquisas em Educação Matemática, durante algum tempo, faltaram as comprovações "acadêmicas" para chancelar o termo "Pesquisas", em sua denominação. Assim, em 2007, fomos convidados pela SBEM-BA a participar de uma pesquisa interinstitucional que envolvia universidades baianas e dois grupos de professores da Educação Básica, intitulada "Um estudo sobre o domínio das Estruturas Aditivas nas séries iniciais do Ensino Fundamental no Estado da Bahia – (PEA)", financiado pela Fundação de Amparo à Pesquisa do Estado da Bahia (FAPESB), coordenado pela Profa. Dra. Eurivalda Ribeiro dos Santos Santana (UESC). A participação do EMFoco nessa pesquisa é detalhada no artigo "A inserção do EMFoco na Pesquisa", escrito por Elda Tramm e outros (TRAMM; FERREIRA, 2013).

O PEA nos deu "régua e compasso" para exercermos melhor essa prática, aperfeiçoando a nossa atuação docente, como pesquisadores do cotidiano escolar. Em 2014, o EMFoco participa de dois outros projetos, financiados pela FAPESB, convidado pela SBEM-BA. Um deles, coordenado pela Profa. Dra. Sandra Maria Pinto Magina (UESC), denominado "As Estruturas Multiplicativas e a formação de professores que ensinam matemática na Bahia – (PEM); e o projeto sob título "A Alfabetização Matemática com o uso de material didático e a produção de textos matemáticos legítimos por alunos do 1º ano do Ensino Fundamental do Estado da Bahia – (PAMAT)", coordenado pela Profa. Dra. Ana Virginia de Almeida Luna (UEFS).

A participação do EMFoco nos Projetos citados oportunizou aos seus sócios o intercâmbio com pesquisadores de outros estados do país por meio de ciclos de estudos a respeito dos referenciais teóricos das investigações, dos diversos *workshops* organizados pelos Núcleos da SBEM-BA, além de conhecer e vivenciar a realidade do fazer pedagógico em diversas salas de aula em várias cidades de nosso estado.

Este convívio continuo com os eventos e avanços da Educação Matemática permitiu um avanço profissional aos integrantes do grupo. Partimos da especialização para o mestrado e muitos do mestrado para o doutorado. Hoje temos mais da metade do grupo com formação de doutorado e com suas teses pautadas em alguma problemática da educação básica.

Nessa trajetória, o nosso Grupo se propôs, a cada cinco anos, em comemoração à sua existência, apresentar à comunidade acadêmica e à sociedade um livro. Eles apresentam um pouco da rotina de estudos do Grupo e do nosso empenho na melhoria dos processos de ensino e de aprendizagem de matemática e da educação básica.

No nosso primeiro livro, intitulado *Grupo EMFoco: diferentes olhares, múltiplos focos e autoformação continuada de educadores matemáticos* (2009), apresentamos um panorama histórico para revelar como se deu sua constituição e a qual propósito o Grupo se destinava. Além disso, foram socializadas algumas experiências desenvolvidas na formação e autoformação de professores, assim como as vivências advindas de salas de aula de matemática. Este livro foi constituído de nove artigos que descrevem experiências exitosas dos membros do grupo e que tem como objetivo auxiliar e motivar professores da Educação Básica em suas práticas.

Primeiro livro do grupo EMFoco (2009).

Neste livro apresentamos a nossa motivação em continuar a ser um Grupo: a resistência de quem quer continuar educador matemático da educação básica, mas ao mesmo tempo não teme novos caminhos e possibilidades! O desafio era grande, seria nosso primeiro trabalho e a nossa primeira avaliação nas escritas literárias e científicas na área da Educação Matemática e o teste se realmente iríamos trilhar o caminho certo.

Nos dez anos de Grupo, partimos para uma segunda obra: *Uma década de Educação Matemática EMFoco – Trajetórias em pesquisas, ensino e formação de professores* (2013). Apresentamos o engajamento de um início de maturidade de um Grupo mais fortalecido e mais conhecido na comunidade da área e junto à Sociedade de Educação Matemática da Bahia (SBEM-BA). O grupo participava ativamente da maioria dos eventos de Educação Matemática, o que naturalmente nos possibilitou uma articulação maior entre os pares nos congressos, seminários e outros eventos como parceiro de forma voluntária e colaborativa.

Segundo livro em comemoração aos 10 anos (2013)

Essas parcerias proporcionaram um crescimento significativo ao Grupo. E, ao mesmo tempo, individualmente aos membros, pois muitos, oriundos da especialização, ingressaram no mestrado, e do mestrado para o doutorado, com suas propostas e temas de pesquisa, foco dos debates calorosos e aprofundados por membros e colegas do grupo.

O segundo livro contou também com artigos que traziam experiências dos integrantes do Grupo, no contexto de sala de aula, sempre em uma perspectiva de se constituir um material de apoio e consulta a professores em formação continuada. O professor, ao acessar a obra, pode ter em mãos ideias de construção de sequências didáticas para seu auxílio em sala de aula. Muitas foram as participações do grupo em salas de formação de professores e estas experiências podem ser consultadas e apreciadas neste livro.

Assim, o Grupo foi cada vez mais tomando experiência e ganhando espaço na comunidade científica regional, nacional e internacional, com depoimentos de pesquisadores e cientistas da área valorizando e apoiando as ações e formação do grupo, e isso impactava diretamente na formação acadêmica dos seus membros para além da Educação Básica, nas salas de licenciatura em matemática, pedagogia, educação do campo e outros cursos.

Além disso, alguns começaram a atuar em diversas pós-graduações. Disciplinas relacionadas à formação de professores foram bastante relevantes em nossa formação, tais como metodologia do ensino da matemática e estágio supervisionado. Tais disciplinas nos permitiram que atuássemos como orientadores/as na construção e no desenvolvimento de projetos de pesquisa que culminaram em Trabalhos de Conclusão de Curso (TCC). Isso permitiu ao Grupo maiores trocas de experiências e aprendizagens e maior fixação de seus membros em grupos de pesquisas, produções e publicações de artigos científicos em revistas e periódicos da área, além de convites recebidos, ora para o EMFoco, ora para a apresentação de algum tema de estudo nosso ou específico de algum membro.

Com os quinze anos de existência, o grupo EMFoco lança sua terceira obra do quinquênio intitulada: *Sequências Didáticas: contribuições para professores de matemática* (2018). Foi desenvolvido para tratar de relatos de práticas exitosas para auxílio aos professores da Educação Básica, em especial. A motivação para esta escrita literária, com sequências didáticas para o ensino de matemática e para a área de Educação Matemática, se deu por termos muitos relatos a respeito da ausência de material didático para o professor, em especial da Educação Básica, lidar com objeções, dificuldades, atuações e metodologias recorrentes em sala de aula. Os manuais escolares não ofereciam o suporte adequado para que discutíssemos determinados entraves que geram assim um problema latente e bastante observado em sala e nas experiências trazidas por membros do Grupo, atuantes na educação básica e superior.

Livro em comemoração aos 15 anos (2018).

Dessa forma, um livro com sequências didáticas que trouxesse para o professor propostas reflexivas, discutidas em grupos e experienciadas para sala de aula foi a idealização principal para a confecção e elaboração deste terceiro livro, pois seu objetivo principal foi justamente apresentar detalhadamente propostas didáticas para professores disporem em sala de aula.

Assim, nos reunimos e fizemos um levantamento de todas atividades e ações desenvolvidas em nossas salas de aula para que dessem luz à elaboração das sequências didáticas, seguido das experimentações necessárias em nossas turmas, a fim de levantar as inconsistências e aparar as devidas incoerências acadêmicas existentes em nossa práxis educativa. Posteriormente, essas sequências, uma vez aplicadas em nossas salas de aula de forma orientada e detalhada, possibilitariam aos professores um material didático que este poderia utilizar diretamente na abordagem de certos conteúdos matemáticos ou ainda como base de apoio para sua prática docente.

O sucesso e a grande contribuição das sequências didáticas deste terceiro livro, para a prática docente e formação do professor, fizeram-nos refletir e indagar da possibilidade de continuação dessa vertente para o nosso presente livro, em comemoração aos vinte anos do Grupo EMFoco. Assim, a ideia de contribuir na formação de professores para expor nossas vivências, por meio das sequências propostas, continuará sendo nosso foco principal neste quarto livro.

O que nós oferecemos neste livro, a você leitor e professor, é um pouco da nossa jornada como grupo colaborativo, mas principalmente como pais, mães, professores, educadores e educadores matemáticos. As nossas experiências da Educação Básica, do ensino superior, sejam estas, na graduação, na pós-graduação, ou cursos de formação continuada, o objetivo do grupo não mudou, ou seja, contribuir com ações, reflexões e intervenções para a melhoria e potencialização dos processos de ensino e de aprendizagem de matemática na Bahia e contextos nacionais e internacionais.

Assim, este livro foi feito para você professor, educador, leitor e curioso das relações de ensino e de aprendizagem de matemática. Convidamos-lhe a ler os demais capítulos deste livro e que ele sirva como reflexão e aprendizagem para sua formação docente, além de elemento estruturante na elaboração de suas aulas, futuras práticas e ações docentes em nossas salas de aula.

Agradecemos a todos os envolvidos e esperamos que gostem.

REFERÊNCIAS

DINIZ, L. do N.; BORBA, M. de C (org.). **Grupo EMFoco**: diferentes olhares, múltiplos focos e autoformação continuada de educadores matemáticos. Natal: Flecha do Tempo, 2009.

TRAMM, E.; FERREIRA, J. W. S. (org.). **Uma década de Educação Matemática EMFoco**: trajetórias em pesquisa, ensino e formação de professores. São Paulo: Editora Livraria da Física, 2013.

MIRANDA, M. A; JESUS, G. B. (org.). **EMFoco – Sequências didáticas**: contribuições para professores de matemática. Ibicaraí: Editora Via Litterarum, 2018.

O EMFOCO NA EDUCAÇÃO BÁSICA

Claudia Regina Cruz Coelho de Jesus
cau.pinto2@gmail.com

Eliete Ferreira dos Santos
likaabreu2000@yahoo.com.br

José Walber de Souza Ferreira
walbersf@gmail.com

Jussara Gomes Araújo Cunha
jussaragac@gmail.com

INTRODUÇÃO

A Escola atual não atende aos anseios e necessidades das gerações que estão se formando e, nós professores, temos como desafio apresentar novas perspectivas. Uma escola que foi pensada com o propósito de disciplinar e transmitir informações com ênfase no conteúdo para se tornar uma escola formativa, local de aprendizagem através de atitude, socialização, diálogo e questionamentos precisa ser transformada! E o professor? Um novo professor para uma nova sala de aula, para uma nova escola. Como se transformar? Se conscientizando que um professor é um eterno aluno.

Os desafios que são impostos, principalmente aos professores da Educação Básica, especificamente os do Ensino Médio, são inúmeros. Nesses quase 20 anos, nós professores da Educação Básica do grupo EMFoco passamos pelos Parâmetros Curriculares Nacionais (PCN), estamos vivenciando a Base Nacional Curricular Comum (BNCC) e o Novo Ensino Médio e, a todo momento, compartilhamos essas mudanças e estudamos com o objetivo de melhorar nossas salas de aula.

A BNCC nos leva a novos caminhos, escolhas, na busca de um ensino de matemática de qualidade que tem o propósito de um ensino por competências. Nesse trecho, o documento apresenta a definição a ser considerada:

> **competência** é definida como a mobilização de conhecimentos (conceitos e procedimentos), habilidades (práticas, cognitivas e socioemocionais), atitudes e valores para resolver demandas complexas da vida cotidiana, do pleno exercício da cidadania e do mundo do trabalho (BRASIL, 2018, p. 8).

Nessa perspectiva o Grupo EMFoco firma pela educação de valores e ações que contribuem para o desenvolvimento do ensino e da aprendizagem da matemática. Ações estas que são compartilhadas no grupo, discutidas e analisadas, e somente depois chegam às nossas salas de aula. A participação em eventos nacionais e internacionais, com palestras, oficinas, mesas-redondas, além dos promovidos pelo grupo, garante uma preocupação com a nossa formação. O grupo compartilha conteúdos e novas abordagens, angústias e todas as mudanças advindas com a BNCC, o que revela um sentido de completude em nossas ações de sala de aula e a certeza de que não estamos sozinhos.

A pandemia nos fez acreditar que mesmo a distância é possível estar perto. Novos aspectos tecnológicos, novas metodologias, novas aulas... nós resistimos. O Novo Ensino Médio está nos propondo grandes mudanças: redução de carga horária, itinerários formativos, eletivas etc. que exigem estudos, reflexões e novos olhares e caminhos.

O EMFoco é um grupo atuante em diversos segmentos desde o Ensino Básico ao Ensino Superior. Professores que atuam no Ensino superior e têm grande experiência no Ensino Fundamental I e II e no Ensino Médio cresceram no grupo com seus mestrados e doutorados sempre pensando na melhoria do ensino e da aprendizagem de matemática.

Assim, neste capítulo, apresentamos o relato de quatro professores, participantes do Grupo EMFoco, que lecionam na Educação Básica, discorrendo a respeito da importância do trabalho colaborativo em grupo para o desenvolvimento de sua prática pedagógica.

EU, PROFESSORA DA EDUCAÇÃO BÁSICA E EMFOCO

Claudia Regina Cruz Coelho de Jesus

Eu, Claudia, sou sócia-fundadora do Grupo EMFoco, me orgulho da persistência e resistência ao longo desses 20 anos. O EMFoco me levou a experimentar muitas coisas: a formação de professores, a participação com trabalhos em congressos, mesas-redondas, oficinas, palestras, relatos e até mesmo a organização de eventos. Todas as participações eram apresentadas ao grupo, que garantia segurança e confiança no nosso trabalho com a Educação Matemática. Obrigada, EMFoco!

Uma das atividades desenvolvidas pelo grupo que mais gosto é: *Com a palavra, o professor*. Essa atividade, que é representada por um pequeno texto, um relato, um desabafo, um novo jeito de fazer matemática, provoca grandes reflexões e nos encoraja a experimentar e a sair da zona de conforto.

Um dos desafios profissionais enfrentados por mim na sala de aula foi o uso de tecnologias, por isso fiz uma sequência de atividades investigativas sobre função polinomial do 1º grau usando o *winplot* e o incentivo do grupo foi muito bom.

A jornada feita pelo grupo do EMFoco no município de São Sebastião do Passé – BA na qual fiz uma oficina sobre frações para professores da Educação Básica representou muito em minha formação.

As parcerias com as escolas de educação básica foram muito importantes para mim e para o grupo, porque além de compartilhar saberes com oficinas e palestras, conseguimos incentivar a criação de outros grupos de estudo e até mesmo novos núcleos da SBEM – BA.

O EMFoco contribuiu de forma significativa para meu desenvolvimento profissional no sentido de minha autoformação continuada, pois o grupo não tem vínculo com nenhuma instituição e buscamos o desenvolvimento com nossos pares de forma colaborativa.

No EMFoco dividimos nossas dores, perdas, conquistas, alegrias e muitas lutas, mas sempre buscando um ensino de matemática de melhor qualidade.

MINHA TRAJETÓRIA COMO MEMBRO DO EMFOCO

Eliete Ferreira dos Santos

Este capítulo refere-se aos professores do grupo EMFoco que trabalham com a Educação Básica proporcionando aos alunos atividades diversificadas desenvolvidas no grupo. Todo conhecimento adquirido em sala de aula proporciona ao aluno uma aprendizagem mais significativa e prazerosa.

Ser EMFoco é ter um olhar diferente sobre Matemática, que, muitas vezes, é encarada com temor, pois o cálculo predomina sobre a investigação e atividades práticas.

Sendo profissional preocupada com a aprendizagem dos alunos, em particular na disciplina Matemática, acompanhando os alunos da Educação Básica e do Curso Profissionalizante, foi possível perceber o grande trauma e dificuldades apresentadas por eles em relação a esta disciplina que é tida por muitos como angustiante e de difícil aceitação.

Ser educador matemático é muito mais do que ensinar matemática, nos permite ver o Mundo com outro olhar. Assim é o EMFoco, um grupo colaborativo e atuante que se preocupa com alunos e professores, oferece sempre o que há de melhor numa visão construtiva e atraente para o ensino de Matemática por meio de atividades lúdicas, temas formativos apresentados durante as reuniões, exposição de trabalhos e propostas pedagógicas realizadas em sala de aula, na motivação para participar de projetos, como por exemplo, do PAMAT, PEA, estudo da BNCC, artigos escritos pelo grupo, análise de livros, entre outras ações que muito contribuíram para nossa formação profissional.

- **Atividades realizadas pelo EMFoco, nas quais tive participação direta**

Vale destacar algumas dessas atividades que surgiram de ideias discutidas no grupo e a possibilidade de se pensar em algo diferente para trabalhar conteúdos que, muitas vezes, se tornavam cansativos e sem motivação para o aluno aprender e participar das aulas, a exemplo de:

- **Atividade sobre Educação Financeira** com os alunos do Ensino Médio, que destaca itens cobrados nas contas de luz e de água para que percebessem a importância do estudo de matemática para a vida, com um olhar crítico e investigativo que contribui para uma vida cidadã e realização pessoal.

- **Participação em feiras de Matemática,** em especial no município de São Sebastião do Passé, com alunos e professores do Fundamental 1, numa visão mais realista e atuante. Essa atividade teve como responsabilidade principal a mediação dos professores do EMFoco. Foi uma atividade de grande relevância e aprendizado para nós, que não trabalhamos com esse grupo de alunos, dispostos a entender e avançar no conhecimento e na investigação.

- **Atividades com Arte** para entender a geometria da vida através de observações diretas, origamis construídos e apresentados no grupo para contribuir para uma aprendizagem mais significativa nos cursos Profissionalizantes e aplicação da geometria na vida dos alunos que exerciam diversas profissões que usam diretamente a geometria, e no cálculo do gasto de material focando na dimensão social e econômica;

- **Apresentação de um curta-metragem** para análise comparativa entre os seres humanos, animais, a sociedade e o racismo, pesquisas realizadas dentro da Escola, para estabelecer a relação da Matemática com diversas áreas do conhecimento numa visão transdisciplinar e multidisciplinar.

O EMFoco é assim, contribui muito para o nosso crescimento pessoal e profissional. Ser EMFoco é saber ser atuante, crescer profissionalmente, ver a Matemática com um novo olhar, ter o aluno mais próximo, mudar nossa mentalidade em relação ao estudo de Matemática, participar do Dia da Matemática, Palestras, Encontros com oficinas nas diversas Faculdades, estudo do Geogebra pelo grupo, que também foram de grande contribuição para trabalhar com os meus alunos do Ensino Médio Regular e do curso de Mecânica.

Uma atividade de grande relevância no grupo que tem como título *Com a palavra, o professor* é um dos momentos mais significativos de colaboração e de participação na vida profissional, que muito colabora para a nossa postura em relação à disciplina de Matemática. O EMFoco contribui para termos essa ampla visão da Matemática dentro de um contexto universal.

Ser EMFoco, é estar em constante mudança, é saber ouvir, colaborar, concordar e discordar com elegância, ampliar os conhecimentos, criar laços de amizade e saber transformar os conhecimentos rígidos em conhecimentos maleáveis e transformadores.

Hoje, a Matemática não está restrita apenas ao cálculo numérico, e sim a uma visão interpretativa na qual o homem é solicitado a pensar, a interagir e agir diferente usando tecnologia, dentro de um contexto holístico.

O EMFOCO NA MINHA PRÁTICA DOCENTE

José Walber de Souza Ferreira

O Desenvolvimento Profissional de um professor não se resume aos cursos de formação, eventos, palestras etc., mas num processo contínuo de discussão e reflexão de sua práxis, confrontando com a teoria. Essa reflexão na prática e da prática é de fundamental importância para torná-lo capaz de intervir no processo educativo que passa do enfoque simplista de transmissor de conhecimentos para o de um formador comprometido com os problemas da escola, da comunidade e, principalmente, com a formação integral dos alunos para desenvolver nestes as competências e habilidades que a sociedade tanto deseja.

Entretanto, segundo Perez (1999, p. 280), o Desenvolvimento Profissional do professor de matemática não deve restringir-se à reflexão-crítica da sua prática, mas estender-se também ao trabalho colaborativo, à investigação pelos professores como prática cotidiana e à autonomia e, nessa perspectiva, encontra-se o Grupo EMFoco. Um Grupo de Estudos e Pesquisa formado por professores altamente comprometidos com sua prática pedagógica e que não se eximem em opinar, criticar, ouvir e... construir junto com o outro.

Ainda que tivéssemos uma boa experiência com a Educação de Jovens e Adultos (EJA) e um razoável conhecimento de Educação Matemática em suas várias tendências, o Grupo EMFoco lançou diferentes olhares e múltiplos focos no meu fazer pedagógico. É indescritível a sensação que nos acomete quando podemos discorrer a respeito dos problemas reais que nos afligem em nossas salas de aulas e estes são aceitos para uma discussão mais ampla, surgindo diversas visões, soluções, encaminhamento ou mesmo certos olhares que indicam não ser "problemas".

São inúmeras as contribuições que o Grupo EMFoco proporciona aos seus participantes em diversos momentos, quer sejam nas sessões de leituras, nas discussões de temas atuais escolhidos para o aprofundamento, nas apresentações no "Com a palavra, o professor!", que é um espaço dedicado aos sócios e convidados para a apresentação de experiências de aulas de matemática para discussão, reformulação e a sua reaplicação em sala de aula. Os resultados dessas aulas que foram reaplicadas, muitas delas acompanhadas por outro sócio para colher observações, são escritas em forma de Relato de Experiências e apresentadas nos diversos eventos que participamos.

Por tudo que já expressei sobre o significado dos Grupos de Estudos, principalmente os colaborativos, é que apresento um Projeto realizado no Colégio Estadual Ruben Dario com meus alunos, intitulado "Grupos de Estudos em Matemática", que tinha como objetivo "Desenvolver a capacidade da socialização de saberes, buscando através dos estudos adicionais em Grupos, um melhor desempenho na disciplina Matemática". Esse Projeto foi aplicado durante dois anos, e não pôde ser continuado, pois mudanças na carga horária, horários, disponibilidades dos alunos, entre outros, acabaram por inviabilizá-lo.

Mesmo assim, os resultados alcançados foram relevantes, ainda que não obtivéssemos a adesão da maioria por conta de a participação voluntária ser uma premissa. Aqueles que se propuseram ir à escola nos dias que não havia aulas, para buscar sugestões de livros, para resolver exercícios em grupos, para trazer suas dúvidas, elevaram suas notas ao final de cada unidade. Durante a autoavaliação, no final do ano, os participantes do Projeto sempre elogiavam os estudos que se desenvolviam em grupos.

Segue o Projeto:

GRUPOS DE ESTUDOS EM MATEMÁTICA

Objetivo: Desenvolver a capacidade da socialização de saberes, buscando através dos estudos adicionais em Grupos um melhor desempenho na disciplina Matemática.

Formação: Os Grupos de Estudos deverão ser formados com quatro (4) alunos, sendo que:

a) Seja eleito um Coordenador, cujo papel é coordenar as ações do Grupo marcando as reuniões, sendo o porta-voz junto ao professor, preenchendo a Planilha de Acompanhamento de Estudos etc.

b) Só um aluno do Grupo tenha nota superior a seis (6,0) na 1ª unidade.

c) Reuniões às terças-feiras, com pauta predefinida;

d) Nas reuniões, deverão ser abordadas revisões dos conteúdos matemáticos dados em sala de aula; estudos de novos conteúdos etc.

Desenvolvimento: Inicialmente será calculada a Média Aritmética (MA) do Grupo na 1ª unidade, que servirá de base para os valores acrescidos nas notas das unidades posteriores.

A partir da 2ª unidade, os Grupos que obtiverem MA acima dos valores da 1ª unidade serão beneficiados com acréscimos de pontos nas notas finais da unidade de cada componente do Grupo, da seguinte forma:

a) Valor da Média Aritmética do Grupo na unidade atual superior à Média Aritmética da unidade anterior em até 2,0 pontos, acréscimo nas notas individuais de 0,5 ponto (meio ponto);

b) Valor da Média Aritmética do Grupo na unidade atual superior à Média Aritmética da unidade anterior acima de 2,0 pontos, acréscimo nas notas individuais de 1,0 ponto (um ponto).

c) Valor da Média Aritmética do Grupo na unidade atual inferior ou igual à Média Aritmética da unidade anterior, não serão acrescidos pontos. O aluno permanecerá com a pontuação obtida na unidade.

FICHA DE INSCRIÇÃO

NOME	1ª un	2ª un	3ª un	4ª un
Coord.:				
Média da Unidade				

ACOMPANHAMENTO DOS ESTUDOS

DATA	ASSUNTO	OBSERVAÇÕES

MINHA TRAJETÓRIA COMO MEMBRO DO EMFOCO

Jussara Gomes Araújo Cunha

Segundo Saviani (2014), a educação e o meio social não poderão estar divorciados – é o meio social em que a educação está inserida que irá determinar seus rumos, suas propostas, suas ações. Como permanecer com as mesmas práticas de quando estudei, quando era aluna, enquanto estava na universidade? Em momentos de reflexão percebia, cada vez mais, uma distância enorme entre a minha formação inicial e a minha realidade. Diante de tantos questionamentos acerca do meu papel de professora, permanecia uma certeza: continuar meus estudos.

Ao buscar respostas para meus questionamentos, objetivando o aprendizado com vistas à modificação de mim mesma, me matriculei no curso de Especialização em Educação Matemática na Universidade Católica do Salvador (UCSal), curso que me deu subsídios importantíssimos para a minha formação. Tive, ali, o privilégio de estar com professores que, na sua grande maioria, se apresentaram como provocadores de diálogos para articular múltiplas ideias e informações. Durante o curso, conheci professores que faziam parte de um grupo colaborativo de estudos e pesquisa na área de Educação Matemática, grupo EMFoco, e, após frequentar algumas reuniões do grupo, fui convidada a fazer parte dele.

Os estudos realizados durante as reuniões do EMFoco a respeito das várias tendências da Educação Matemática resultaram em novas mudanças relacionadas a minha prática, a minha postura como professora, ao meu sentimento com o "ser professora de matemática" e a minha relação com o meu trabalho. Fazer parte do EMFoco foi determinante para que eu criasse o hábito de refletir e escrever sobre minha prática docente.

A partir de então, passei a participar de congressos, encontros, discussões, não mais como ouvinte, mas apresentando trabalhos e interagindo ativamente nos grupos de estudo voltados para o ensino e para a aprendizagem de Matemática; era uma exigência para permanecer como membro do grupo EMFoco. Este foi um momento muito importante para a minha vida profissional. Cada evento do qual participava, percebia, cada vez mais, que somos sempre capazes de evoluir e consequentemente agregar conhecimento. Fazer parte de um grupo de estudo e pesquisa é determinante para a construção do conhecimento sobre o objeto a ser estudado.

Participando ativamente do grupo EMFoco, senti a necessidade de estudar conteúdo de matemática em um nível mais avançado para aplicar novos conhecimentos na elaboração de propostas para a minha prática diária em sala de aula. É de fundamental importância ter uma visão mais aprofundada do objeto em estudo para articular ideias com foco na aplicabilidade de conceitos; assim, fazer parte de um grupo de estudos com perfil colaborativo é um fator determinante para estimular reflexões, questionamentos e a criatividade. Somos criadores e não simples criaturas. Como ser transformador, ser membro do EMFoco é uma forma de transgredir para avançar e conquistar o tão desejado objetivo.

CONSIDERAÇÕES FINAIS

A trajetória do Grupo EMFoco na Educação Básica ao longo desses 20 anos se caracteriza como um grande desenvolvimento profissional por parte de seus membros. Todos relatam aqui seus conhecimentos vividos em suas ações docentes.

Conhecendo as práticas dos nossos colegas, podemos refletir os mais diversos contextos escolares, assim como também nos proporciona compreendermos e aprendermos outras possibilidades didáticas.

Nos relatos trazidos pelos professores que lecionam na Educação Básica, ainda que participantes de um mesmo grupo, são apresentadas várias vertentes, desde as questões ligadas ao conteúdo matemático e suas diversas formas de abordagem, passando pelo incentivo à escrita de suas experiências e participações em eventos para levar a mensagem dos benefícios de um trabalho colaborativo à criação de novos grupos de estudos no âmbito profissional e acadêmico e à criação de novas propostas de ensino para as práticas diárias docentes.

Além das contribuições para a sua prática docente, o Grupo EMFoco leva para diversos professores e futuros professores da Educação Básica suas experiências com apresentações em diversos eventos nacionais e internacionais e eventos específicos como a Jornada de Educação Matemática do EMFoco (JEMFoco) e a Mostra de trabalhos do Grupo EMFoco (MostraGEM), além da publicação em livros próprios. Esse trabalho de socialização não é restrito a Salvador, mas aos diversos interiores de nosso Estado.

Por tudo isso e muito mais, é que acreditamos no trabalho colaborativo. Um trabalho que visa não somente objetivos específicos, mas objetivos coletivos com reflexões conjuntas, buscando a melhoria da prática docente, o desenvolvimento profissional e o fortalecimento desses profissionais perante a sociedade.

REFERÊNCIAS

PEREZ, G. Formação de Professores de Matemática sob a Perspectiva do Desenvolvimento Profissional. *In*: BICUDO, M. A. V. (org.). **Pesquisa em Educação Matemática**: concepções e perspectivas. São Paulo: EDUNESP, 1999. p. 263-282.

(AUTO)FORMAÇÃO DE PROFESSORAS/ ES: CONTRIBUIÇÕES DO GRUPO EMFOCO PARA A FORMAÇÃO INICIAL DE PROFESSORAS/ES DE MATEMÁTICA DO ENSINO SUPERIOR

Anete Otília Cardoso de Santana Cruz
anetecruz@ifba.edu.br

Leandro do Nascimento Diniz
leandro@ufrb.edu.br

Gilson Bispo de Jesus
gilbjs@gmail.com

Anderon Melhor Miranda
profanderon@ufrb.edu.br

INTRODUÇÃO

Esse texto tem por objetivo apresentar parte da trajetória da docência, especialmente no Ensino Superior, de quatro educadoras/es matemáticas/os do Grupo EMFoco: Anderon, Anete, Gilson e Leandro. Para tal, são revelados o que as/os aproximam e o que as/os diferenciam, compondo um "modelo do EMFoco" de se constituir no ensino, na pesquisa, extensão e gestão, sem perder de vista que, no EMFoco, primamos pela (auto)formação e pelo desenvolvimento profissional.

O/A leitor/a poderá se identificar com alguma história (ou não). Mas a ideia é que, por meio da socialização das experiências vivenciadas por cada autor/a, você se sinta inspirado/a para escrever a sua própria história na Educação Matemática, pois ela é única, como cada um dos episódios que compartilharemos com você.

Sem desconsiderar nossas experiências na Educação Básica, enfocaremos o Ensino Superior para revelar o quão se faz necessário, na constituição do/a sujeito/a que atua nos cursos, seja da Licenciatura, Engenharias, Administração, Tecnólogos, Educação do Campo, ou qualquer que seja a graduação, ter passado pelo "chão da sala da Educação Básica" e, no nosso caso, ter o Grupo EMFoco para nos provocar nas inquietações, discussões, reflexões e ações sobre nossas práticas. Isso faz todo o diferencial!

Como docentes, temos formação inicial na Licenciatura em Matemática e, cada um/a no seu tempo, realizou o curso de Mestrado e Doutorado em Educação Matemática. Destacamos que o EMFoco foi primordial para a realização desses feitos. Desde a motivação, perpassando pelos olhares atentos que se davam nas reuniões presenciais, mas também nos momentos virtuais e nos profanos (momentos de descontração, lazer que sempre são para além das reuniões de estudo).

EMFOQUIANAS/OS NO ENSINO SUPERIOR

Nessa seção, temos os olhares de quatro membros do Grupo de parte das suas caminhadas com foco no Ensino Superior, a partir das realizadas na Educação Básica, articulada com as nossas atuações no EMFoco.

Anderon Miranda

Nesse breve relato, apresento o histórico e a minha experiência no ensino superior em correlação à relevância do EMFoco no meu desenvolvimento profissional e intelectual.

Como um dos sócios-fundadores do EMFoco, e membro do grupo há 20 anos, fiz parte da 1° turma de Especialização em Educação Matemática da Universidade Católica do Salvador (UCSal), berço do nascimento do grupo EMFoco. Sou licenciado em matemática, especialista e mestre em educação matemática e doutor em ciências da educação, em especial na linha de pesquisa da educação matemática.

Possuo mais de vinte anos de experiência no ensino de matemática sendo uma parte na Educação Básica e outra paralelamente com o ensino superior. Neste último já acumulo dezoito anos de experiência docente. Ainda nesse ínterim participei de cursos, eventos, congressos e outros nas áreas da matemática e da educação matemática, o que me proporcionou conhecer pessoas, participar de debates, discussões e reflexões a respeito de matemática e seu ensino.

No ensino superior, ingressei numa instituição privada para lecionar matemática para cursos de engenharia e outros cursos que utilizavam a matemática como instrumentalização e serviço, como cursos de administração e economia. Hoje atuo numa Universidade Federal do Recôncavo da Bahia (UFRB) num curso de Licenciatura em Educação do Campo com habilitações em matemática e ciências da natureza, embora tenha passado por outros como a licenciatura em matemática e pedagogia, ainda também como coordenador num curso de licenciatura em matemática desta Instituição.

Acumulei experiências em cursos *lato sensu* e *stricto sensu* e, atualmente, sou professor efetivo do Mestrado em Educação Científica, Inclusão e Diversidade da UFRB. Dentre as linhas de interesses e pesquisas estão: tecnologias digitais e ciência da informação e comunicação, rede social, ensino de matemática, educação matemática, ensino de cálculo diferencial e integral, educação do campo, psicologia da educação e aprendizagem significativa.

Dentre algumas ações desenvolvidas em minha prática docente, que teve o grupo EMFoco, como protagonista, estão as oficinas realizadas nos eventos e congressos dos quais participei, atividades replicadas e elaboradas nos laboratórios de ensino de matemática e nas minhas aulas teóricas, o uso de *softwares/* aplicativos matemáticos e educacionais. E atualmente tenho me dedicado ao estudo das tecnologias digitais no ensino de matemática e da ciência da informação e comunicação, por meio de projetos de pesquisas e extensões. Ainda tenho feito algumas inferências nas questões referentes a um ensino de matemática voltado para os povos campesinos com as produções de textos científicos e acadêmicos.

É importante salientar que para o meu desenvolvimento profissional, o EMFoco foi o motor propulsante para minha evolução acadêmica, pois em meu currículo tive o apoio considerável de colegas do grupo, que sempre me incentivou e ajudou nas conquistas galgadas.

A partir do apoio e idealização do colega e amigo José Walber – “Walber”, fundaram o grupo em 2003 e deram continuidade a uma “formação continuada informal”, ou seja, um grupo colaborativo em que seus membros estudavam temas ligados à matemática e à educação matemática, desvinculados de Instituições ou Organizações Acadêmicas.

Até hoje o grupo não possui vínculo com nenhuma Instituição ou Organização, se mantêm com os próprios esforços e conta com o apoio dos seus membros, professores e educadores da comunidade matemática em se manter vivo.

Com isso podemos afirmar que o EMFoco se constitui um espaço familiar, educacional e de estímulos para professores de matemática se aprimorarem e continuarem em sua formação acadêmica, intelectual e pessoal.

Agradecemos a todos os amigos(as) e colegas de grupo que favoreceram a elaboração de um espaço neste livro do EMFoco para que possamos contar, relatar um pouco da importância do grupo EMFoco nas vidas de cada um dos seus membros.

Anete Otília Cruz

Quando iniciei a minha participação no EMFoco, no ano de 2006, eu já atuava na Educação Básica e estava vivenciando minhas primeiras experiências no Ensino Superior, em instituições particulares. No meu caminhar com o EMFoco, fui notando a necessidade de voltar a estudar, de retomar as leituras com mais profundidade, discussões e reflexões e, nesse ínterim, fui incentivada a realizar o mestrado.

Em 2008, ingressei no Programa de Pós-graduação em Educação, da Universidade Federal do Rio Grande do Norte (UFRN), para realizar o Mestrado em Educação Matemática, orientada pelo Prof. Doutor Iran Abreu Mendes, que contou com a colaboração do Prof. Doutor Ubiratan D'Ambrosio. Na dissertação, foram reveladas as transformações geométricas, estudadas em Matemática, no Ensino Fundamental II, presentes na prática da Dança Esportiva em Cadeira de Rodas (DECR).

Depois de concluir o Mestrado, dediquei-me aos estudos para concursos, com a finalidade de ingressar no Ensino Superior. Sentia a necessidade de tornar real a minha identidade educadora-pesquisadora. Em 2013 fui aprovada no Instituto Federal da Bahia (IFBA) e passei a lecionar nos cursos de Engenharias, Ensino Médio Integrado e Licenciaturas. Fui supervisora do PIBID e há quatro anos coordeno o subprojeto do PIBID Matemática, no campus de Salvador.

No IFBA, venho desenvolvendo, também, projetos internos, como os Programas Universais, nos quais estão presentes a Feira de Matemática e a Confecção de Materiais manipuláveis para uma sala de aula acessível.

Com a parceria de duas estudantes da Licenciatura em Matemática, uma surda e a outra intérprete de Libras, realizamos um curso de Libras para a sala de aula de Matemática, voltado para professoras/es do Departamento de Matemática e Licenciandas/os.

Junto com três professoras de Matemática, Cecília Almeida (membro do EMFoco), Daniela Cunha (membro do EMFoco) e Azly Santana, criamos em 2015 o Grupo de Estudo e Pesquisa em Educação Matemática, do IFBA, que se debruça em pesquisar propostas para a sala de aula de Matemática, em uma perspectiva inclusiva. Foi nesse grupo que proporcionamos para a comunidade uma série de rodas de conversa, cujos temas versavam acerca do ensino de Matemática voltado para autistas, para cegas/os, surdas/os, sem perder de vista o cenário da educação inclusiva do IFBA. A seguir, apresentamos um *print* dos cards dos eventos promovidos.

Figura 1: Cards das Rodas de Conversa organizadas pelo GEPEM – IFBA

Fonte: Canal do GEPEM-IFBA[1]

O meu interesse pela Educação Matemática Inclusiva (EMI) foi aumentando e, ao *pari passu*, percebia que a demanda no IFBA, no que se referia às pessoas com deficiência e transtorno se ampliava, tornando-se mais complexa no que tange a lidar com os diversos casos de deficiência e transtornos. Assim, se fez urgente tratar essas questões com toda a comunidade, incluindo docentes e estudantes das Licenciaturas. A seguir, apresentamos um *print* da apresentação da Coordenação de Assistência à Pessoa com Necessidade Especial (CAPNE).

1 Disponível em: https://www.youtube.com/channel/UCvs0txTcOVeRdpYgOX9WF9w Acesso em: mar. 2023.

Figura 2: Quantitativo da equipe e estudantes assistidas/os pela CAPNE

Coordenação de Atendimento às Pessoas com Necessidades Específicas (CAPNE)

- Equipe: 15 (quinze) tradutores/intérpretes de LIBRAS + 2 (duas) transcritoras de Braille + 6 apoiadoras escolares + equipe DEPAE + servidor@s parceir@s
- Estudantes matriculados por ano:

2009	2010	2011	2012	2013	2014	2015	2016	2017	2018	2019	2020 /21	2022	
24	29	45	48	62	59	73	79	75	70	87	104	116	100 (*)

- Estudantes por tipo de deficiência (2023):

Auditiva	Autismo (TEA)	Física	Intelectual	Múltipla	Visual	Transtornos
18	12	33	14	02	17	04

Fonte: Informações cedidas pela CAPNE/IFBA – 2023.

Nota-se a manutenção de um número médio de PCDs 2015 a 2018 que se refere à implementação da Lei da Inclusão/2015 e da Política de Inclusão de 2017. Impulsionada por tudo que ainda não acontecia no IFBA, em termos de inclusão, resolvi me dedicar a ingressar no Doutorado.

Assim, em 2017, ingressei no Doutorado e junto com os Professores Doutores Luiz Márcio Farias e Saddo Ag Almouloud desenvolvemos um Percurso de Estudo e Pesquisa (PEP) com docentes, licenciandos/as e intérpretes de Libras com o objetivo de investigar como um PEP com potencial inclusivo, baseado nos princípios da acessibilidade didática, promove a reconstrução de praxeologias matemáticas referente a sequências, elaboradas por docentes e licenciandos(as) em Matemática.

Como Diretora Adjunta da Educação Profissional desde 2020 e após ter finalizado o doutorado em 2022, pude iniciar neste ano (2023) algumas propostas do que havia estudado e investigado ao longo do mestrado e doutorado. Dedico-me à Educação Matemática Inclusiva e tenho dentro do IFBA um espaço em que a diversidade e as diferenças são marcantes. Trazer as concepções de Educadora Matemática, na perspectiva de uma Educação Matemática Inclusiva, se faz urgente.

Por meio do EMFoco, podemos construir um vínculo importante, desde a realização do Dia da Matemática, até as Feiras Locais de Matemática, além de termos sediado o XV Encontro Baiano de Educação Matemática e o I Colóquio Nacional Marta Dantas.

Gilson de Jesus

Acredito que as vivências que tive, desde a minha primeira experiência em ensinar matemática, contribuíram de forma imperativa para me tornar o professor que sou atualmente no Ensino Superior, enquanto formador de futuros/as professores/as de matemática. Nessas vivências destaco o Grupo EMFoco.

A experiência com o ensino de matemática se deu em minha trajetória desde os 16 anos de idade, quando tive a oportunidade de ser monitor de matemática na escola em que terminei o 2º grau (Ensino Médio e Técnico em Eletrônica), na Escola Técnica Federal da Bahia (atualmente IFBA). Além disso, desde os 17 anos, por influência dessa escola, comecei a ministrar aulas particulares de reforço de matemática para estudantes das mais diversas escolas particulares em Salvador.

Terminei o curso técnico com a certeza de que queria ser professor de matemática, contudo atuei por um ano e meio na área técnica (trabalhava de segunda a sexta como técnico e aos sábados e domingos permanecia com aulas particulares). Assim, desisti de ser técnico e no ano de 1990 ingressei na Universidade Federal da Bahia – UFBA e concluí o curso de Licenciatura em Matemática em 1995.

Destaco que, possivelmente pelo meu bom desempenho nas disciplinas, fui estimulado a cursar o bacharelado em matemática até o 7º semestre, e por razões diversas (possivelmente conflitos entre o ser professor – licenciatura ou bacharelado) abandonei o bacharelado no 8º semestre (faltaram 4 disciplinas para a sua conclusão). Retomei a partir do 9º semestre com as 9 disciplinas que faltavam (modelo 3 + 1) para conclusão da Licenciatura em Matemática. Destaco que durante o curso fui bolsista de iniciação científica na área de matemática por mais ou menos 6 semestres, além de manter o trabalho com aulas particulares e o trabalho como professor de matemática em uma escola particular desde 1991 (deve ter me influenciado a desistir do bacharelado).

Atuei na Educação Básica em escolas públicas e particulares de 1991 até 2009. Além disso, nesse período, em alguns momentos, de maneira concomitante atuei no Ensino Superior. Fui professor substituto na UFBA (1996), professor da Universidade Jorge Amado (2005) e professor da Pontifícia Universidade Católica de São Paulo – PUC/SP (2008 e 2009).

No que diz respeito à pós-graduação, iniciei em 1997 o mestrado em Matemática (por questões de falta de bolsa, tive que abandonar). Em 2004, concluí a Especialização em Educação Matemática na UCSal e terminei o mestrado e o doutorado em Educação Matemática pela PUC/SP, respectivamente em 2008 e 2012.

Ingressei na UFRB em agosto de 2009, desde então venho atuando na formação inicial de professores de matemática. E sem perder de vista a Educação Básica, venho desenvolvendo diversos trabalhos na formação continuada de professores de vários níveis de ensino.

Quero destacar que acredito que o fato de ter atuado durante muitos anos com aulas particulares de reforço escolar me fez ter um cuidado, inicialmente intuitivo, com o ensino e a aprendizagem de matemática. Penso que ao atuar na sala de aula, levava as reflexões dos tipos de dúvidas e questões recorrentes nessas aulas de forma a minimizar a distância entre o meu ensino de matemática e a aprendizagem dos estudantes que estavam sob minha responsabilidade. Atrelado a isso, ficava surpreso com o desempenho da maioria dos alunos de aulas particulares e de monitoria que, em geral, superavam as suas dificuldades e elogiavam as minhas aulas.

Em 2003, criamos o Grupo EMFoco, sou um de seus fundadores, e as reflexões supracitadas passaram também a fazer parte das discussões neste grupo. Assim, falar de como o Grupo EMFoco contribuiu e contribui para a minha vida acadêmica é uma tarefa muito difícil, pois não consigo perceber grande parte da minha caminhada sem a presença desse grupo. Serei pontual e com certeza deixarei pontos sem relatar.

Inicialmente, quando ingressei no grupo era professor da Educação Básica e as demandas de sala de aula e os desafios postos eram muitos. A troca de conhecimentos com os membros do grupo me fez avançar, em grande medida, na qualidade das aulas que ministrava, sobretudo no que diz respeito a inovações metodológicas. O grupo me encorajava a arriscar, ou seja, sair da "zona de conforto" e experimentar a "zona de risco". Posso afirmar que durante o tempo que lecionei na Educação Básica, concomitantemente como membro do Grupo EMFoco, cresci bastante, sempre me preocupando em lecionar aulas que favorecessem a aprendizagem matemática dos/as estudantes.

Foi com o Grupo EMFoco que senti a necessidade de socializar experiências positivas em sala de aula. Com certeza, devo ao grupo a proposta do primeiro minicurso que ministrei, no XI Encontro Baiano de Educação Matemática (EBEM). Superado esse desafio, sempre que ia aos encontros procurava socializar alguma experiência.

Os estudos no grupo, em conjunto com a minha motivação pessoal, me impulsionaram a continuar estudando. Posso dizer que o Grupo EMFoco contribuiu com a minha entrada na vida acadêmica, hoje possuo o título de mestre e doutor em Educação Matemática. O diálogo com a sala de aula nunca esteve ausente, mesmo com o pé na pesquisa. Nos agradecimentos na minha tese de doutorado, coloquei: "Aos amigos e colegas do grupo **EMFoco**, por contribuírem para que a Educação Matemática sempre esteja presente em minha caminhada e com os pés na sala de aula". Assim, vejo no grupo um dos grandes responsáveis por me ajudar a manter o pé na sala de aula, pois muitas vezes a pesquisa nos faz distanciar. Com certeza, existem outras ações do grupo que, em alguma medida, contribuíram para o meu desenvolvimento profissional: participação em videoconferências, palestras, mesas redondas, cursos, dentre outros.

Pensando a respeito do professor que sou no Ensino Superior, sempre reflito sobre a questão: o que é fazer matemática na sala de aula? Acredito que o/a estudante aprende matemática quando se consegue favorecer a ele/a a descoberta a partir de situações matemáticas (pode ser um problema do dia a dia ou puramente matemático que podem ainda envolver recursos diversos, a exemplo dos materiais manipuláveis) que precisam ser resolvidas, e essa solução indicará o seu avanço contínuo (respeitando o seu tempo) cabendo, ao final do processo, ordenar os pensamentos e fazer desse aprender uma ferramenta para resolver novas situações.

Com isso, pontuo que há muito tempo, mesmo de maneira intuitiva (não sabia que era o meu interesse), me preocupo com a aprendizagem matemática dos/as estudantes (desde a época que ministrava aulas particulares), o que implica uma preocupação com seu ensino, essa tem sido a minha "cachaça". Assim, o que mais me interessa são os processos de ensino e de aprendizagem de matemática. Foi nessa área que desenvolvi os meus estudos de mestrado e doutorado no campo da Didática da Matemática. É nessa área que tenho orientado a maioria quase que absoluta das monografias de Trabalho de Conclusão de Curso e Especialização, além de uma dissertação de mestrado. De maneira mais pormenorizada, me interesso pelo Ensino e Aprendizagem de Geometria com o uso de recursos materiais manipuláveis.

Diante das reflexões apresentadas, fica cada vez mais clara a influência do Grupo EMFoco e de toda a minha trajetória no professor que hoje sou, ou seja, tem um processo de transição de ter sido professor da Educação Básica e de formar futuros professores no Ensino Superior. Como acredito que tive sucesso como professor da escola básica, penso que se tiver sucesso na formação inicial de professores posso, em alguma medida, contribuir com um ensino e uma aprendizagem de matemática mais efetivos na Educação Básica. Por esse motivo, tomo como ponto primordial que "ninguém promove o desenvolvimento daquilo que não teve a oportunidade de desenvolver em si mesmo" (PIRES, 2002, p. 48).

É nessa linha que acredito que primeiro é preciso vivenciar a prática do que ocorre em sala de aula, mesmo que de forma simulada, para posterior debate teórico a respeito dessa prática. A esse respeito, Pires (2000, p. 11), ao falar dos cursos de formação inicial de professores de matemática, aponta que um dos problemas deles é a falta de articulação entre conteúdos e metodologias (saber matemático e saber pedagógico) e defende que "os conteúdos e o respectivo tratamento didático é condição para uma adequada formação docente".

Assim, ficam questões que podem ser debatidas e aprofundadas, sobretudo, com as pesquisas que se preocupam com a formação do formador de professores de matemática. Será que as discussões teóricas sem referência a uma prática efetiva (vivenciada) contribuem com o processo de formação de professores (em especial a formação inicial)? Um exemplo, discutir teoricamente a respeito da Teoria das Situações Didáticas, sem fazer referência à prática de sala de aula ou uma vivência de ocorrência dessa teoria, contribui em que medida para que professores ou futuros professores implementem em suas aulas situações matemáticas com referência nessa teoria?

Por fim, sobre a relação dialética entre o ensino e a aprendizagem de matemática, foco em quem ensina e em quem aprende. Acredito que uma boa aula de matemática é aquela que favorece a aprendizagem dos/as estudantes, sendo importante pontuar que aprender é diferente de decorar regras e procedimentos, assim os estudantes aprendem quando conseguem atribuir algum significado ao conteúdo que aprendeu e, nesse sentido, se tornam capazes de aprender novos conteúdos.

Leandro Diniz

Professor, você é gente boa, mas suas aulas... Essa frase de um aluno do ensino médio, na época que era docente concursado de um colégio da rede estadual, situado em Salvador/BA, foi pior do que um soco, mas era uma pista de que algo não estava bem. Era um professor extremamente tradicional. Não gostava de avaliar meus alunos de outra forma que não fosse por testes e provas. Achava nota qualitativa uma bobagem. Dedicava-me para fazer o melhor ensino e apresentar a maior quantidade de matéria, a ponto de ir copiando o assunto no quadro e já ir explicando-o de costas para a turma. Fazia isso para ganhar tempo, mas só percebi anos depois, quando ministrei aulas para uma mesma turma, já no ensino médio. Na primeira aula, um aluno me disse: *professor, o senhor está diferente...* Fiquei surpreso e ele continuou: *você não está dando aula mais para o quadro, agora você olha pra gente.*

O que me fez iniciar minhas reflexões e essa mudança de postura, não só olhando para meus alunos, mas, principalmente, para as minhas concepções sobre ensino e aprendizagem nas aulas de Matemática, foi o Grupo EMFoco, criado como continuidade dos estudos realizados num curso de formação continuada: a primeira turma do curso de Especialização em Educação Matemática da UCSal no ano de 2002.

Tivemos a felicidade de sermos alunos de Jonei Barbosa e Adelaide Mendonça nas primeiras disciplinas. Como dizia o primeiro professor, *meu objetivo aqui é tirar o chão de vocês* e, com isso, minhas certezas foram caindo... Era o caçula da turma e aprendi muito com colegas mais experientes. Nessas aulas, que sempre ia motivado, nas quintas à noite e sábados pela manhã, todas as semanas, comecei a perceber a importância de os alunos construírem os conceitos em atividades, por exemplo, de investigação matemática e um novo olhar para os processos de ensino e aprendizagem. Esse contexto fundamentou minhas aulas na escola pública e fundamenta atualmente o curso de licenciatura em Matemática do Centro de Formação de Professores (CFP), na UFRB.

Isso não poderia acontecer sem que eu me colocasse como aprendiz! Ressignificou meu papel enquanto docente, já que buscava e busco criar as melhores condições para a aprendizagem dos alunos, tirando o foco inicial que tinha: o ensino, em que meu papel central era explicar bem os conteúdos matemáticos.

De forma semelhante, minhas avaliações começaram a ser diversificadas: testes escritos, trabalhos em grupo, como os projetos de modelagem matemática, atividades em sala de aula em pequenos grupos. Consideramos que o processo é tão importante quanto o produto, já que muitas vezes só a prova respondida pelos estudantes não provava nada.

Já no Ensino Superior, uma das experiências mais marcantes para mim como professor foi na disciplina Metodologia do Ensino da Matemática, para licenciandos em Matemática do 4º semestre. Uma das atividades envolvia questões sobre resolução de problemas num jogo para introduzir o conteúdo probabilidade, usando moedas e dados. Em cada item, era questionado aos alunos qual era a maior probabilidade e eles tinham que pensar e resolver. Circulava na sala, observava as diferentes soluções, os erros ocorridos e, foi sempre partindo dos erros, que eram debatidas as soluções dos alunos até chegarmos às respostas corretas. Todas as respostas sempre eram analisadas pelos alunos, com minha mediação.

Só que, ao invés de apenas desenvolver essa atividade com a turma da licenciatura dividida em pequenos grupos, que gerou bastante reflexão neles, aos poucos fomos introduzindo informalmente conceitos de evento certo, evento impossível, chance, mais provável até culminar na definição de probabilidade clássica. Fizemos algo que denomino de *Estágio Invertido*.

Para isso, troquei a posição de docente do componente que acompanha seus alunos de Estágio Supervisionado Obrigatório o qual, geralmente, senta no fundo da sala pelo menos um dia durante a regência, para me posicionar no papel dos regentes e eles ficaram no fundo da sala. Para tal, eu solicitei a uma professora do 1º ano de uma escola pública de Amargosa que perguntasse aos alunos dela quais gostariam de participar de uma atividade em outro turno. Com isso, nove se interessaram e eu os organizei em três grupos. Essa microaula, uma zona de risco total, reproduziu situações de uma sala de aula com 30 ou 40 alunos, como a indisciplina e as dificuldades de aprendizagem dos alunos. Ao final das duas aulas, fizemos reflexões sobre aquela proposta e eles comentaram sobre o papel da mediação.

Então recomendo: inverta os papéis do ensino e da aprendizagem como estão postos numa aula tradicional. Assim, peça para eles identificarem padrões, busquem atividades investigativas, convide-os para desenvolver projetos que possam refletir sobre temas do cotidiano, de modo crítico, analisem gráficos estatísticos com erros que foram publicados em matérias jornalísticas, dentre outras possibilidades.

Façam com que duvidem, levantem reflexões, critiquem, posicionem-se, defendam seus pontos de vista, tomem e ajudem as pessoas a tomar decisões e a se posicionar. Para mim, aqui temos a *essência da Matemática*. Friso que isso deve ser feito mantendo as listas de exercícios, provas, testes, momentos de exposição do professor em aula, mas que se reconfiguram, com novos objetivos, em que se busca criar as melhores condições para a aprendizagem do corpo discente e, por consequência, meu foco é ensinar melhor!

CONSIDERAÇÕES FINAIS

Foi, e é, no Grupo EMFoco que aprofundamos reflexões sobre temas de Matemática e Educação Matemática como avaliação e processos de ensino e aprendizagem da Matemática, além de reflexões a respeito de como lidar/conceber conteúdos matemáticos para uma sala de aula. Como emfoquianas/os, pensamos/propomos a formação inicial e continuada de professoras/es por meio de propostas de oficinas, discussões teórico-práticas e participação em pesquisas e eventos. No EMFoco, movemo-nos como educadoras/es matemáticas/os e somos desafiadas/os a repensarmos nossas ações em sala de aula constantemente.

Cabe ressaltar que essas reflexões acontecem de modo coletivo e isso se reflete nas atuações das/os emfoquianas/os. O "Com a palavra, o professor" é uma das ações em que experiências de integrantes do EMFoco são socializadas de forma oral, de modo que as atividades sejam refletidas, coletivamente, em reunião do Grupo, configurando-se como um *locus* de aprendizagem e autoformação. Também nesse ambiente, colocamo-nos em posição de estudantes da Educação Básica ou do Ensino Superior para analisarmos, concomitantemente, pensando na formação de professoras/es ou nas escolas da Educação Básica.

Mas essas discussões não ficam só entre nós. Socializamos, por exemplo, em formações continuadas: em forma de cursos, palestras, relatos de experiências, comunicações orais, pôsteres, minicursos e oficinas; e na publicação de livros.

A proposta é, de modo fundante, a defesa pela criação de grupos de estudos como o EMFoco, em que a autoformação continuada é um dos seus pilares. Com isso, o Grupo criou as condições para nos formarmos continuamente como docentes e pesquisadoras/es.

Também construímos amizades em momentos de lazer com a presença das nossas famílias. São momentos que chamamos de profanos, como se diz na Bahia, ou seja, após o trabalho, vem a diversão! Esse é um aspecto crucial no nosso Grupo: o peso que é dado para o estudo tem que ser dado para o profano/diversão/ócio com os membros do EMFoco e as famílias. As/Os emfoquinhas/os, que são as/os filhas/os dos membros do Grupo, também são parte do oxigênio para permanecermos juntas/os, assim como esposas/os, amigos/as, agregadas/os etc. Dessa forma, a essência do Grupo EMFoco se nutre da família, pois considerá-la nas nossas atividades e ações faz com que não abdiquemos de fazer o que gostamos, em detrimento da família, pois fazemos juntos com a nossa.

Para finalizar, destacamos que ao longo da leitura foi possível notar o reconhecimento do EMFoco como um Grupo que oportuniza uma autoformação continuada. Como seria bom se tivéssemos grupos de estudos nas escolas, principalmente as públicas, para trocas de experiências exitosas das nossas salas, para que houvesse reflexões sobre os processos de ensino e aprendizagem da Matemática, que poderia se aliar a outras áreas. Que isso aconteça e seja reconhecido como uma formação continuada em que nós, docentes, somos as/os protagonistas.

Nesse sentido, entendemos que cada mulher e homem desse Grupo possibilita que não seja a/o mesma/o profissional quando ingressamos no Grupo. Alguma coisa mudamos em nós e contribuímos para ser modificado nas/nos outras/os. Ou seja, o EMFoco potencializa o melhor de cada um/a e mobiliza a ação de cada um/a e de todas as pessoas, em prol de todo o Grupo. No caso especial deste texto, buscamos destacar essas potencialidades na nossa atuação enquanto professora e professores na formação inicial.

É isso! Esperamos que vocês possam fazer uma viagem semelhante à nossa, pois cada um tem lápis, papel, *smartphone*, *tablet* ou *notebook* para escrever suas histórias. Essa é uma parte da nossa... Que possamos trilhar muitos caminhos ainda e, quem sabe, cruzarmo-nos em algum momento dessas viagens!

REFERÊNCIAS

PIRES, C. M. C.. Novos desafios para os cursos de licenciatura em matemática. **Educação Matemática em Revista**, v. 7, n. 8, p. 6-10, 2018.

CONSTRUÇÃO DO CONHECIMENTO EM TORNO DA FUNÇÃO POLINOMIAL DO 2º GRAU

Jussara Gomes Araújo Cunha
jussaragac@gmail.com

Elda Vieira Tramm
etramm1@gmail.com

INTRODUÇÃO

Em plena revolução digital, novas concepções de ensino e de aprendizagem surgem. Vivemos em um cenário global de transformações e diante da realidade atual a função da escola mudou. Como formar cidadãos inseridos em um mundo onde a uniformidade, estabilidade, o controle, a centralização não fazem mais parte? É preciso preparar pessoas para serem pensadores criativos, capazes de se adaptarem às mudanças, incertezas e diversidades. Para atender a este novo contexto, é necessário exercitar a curiosidade intelectual, desenvolver habilidades de leitura, interpretação, síntese, criatividade, além de explorar ideias fazendo conexões.

Esse trabalho centrou seu foco no desenvolvimento do sujeito em suas múltiplas dimensões (intelectual, física, emocional, social e cultural). Atendendo a essa proposta, os objetos do conhecimento que serão estudados foram pensados levando em consideração as competências gerais da Base Nacional Comum Curricular (BNCC)[2] e as específicas da Área de Matemática; assim, a metodologia teve como recurso o Logotipo do McDonald's, um objeto escolhido com o propósito de possibilitar uma maior mobilização de conhecimentos (conceitos e procedimentos) e habilidades por estar possivelmente relacionado ao contexto da vida dos alunos.

---

2 Disponível em: http://basenacionalcomum.mec.gov.br/a-base.

A sequência didática que se segue foi desenvolvida para ser aplicada após os alunos terem realizado os estudos de função polinomial do 2º grau, de forma tradicional[3]. A ideia foi fazer o aluno refletir sobre a definição de função, perceber que o logotipo representa uma função dentro de intervalos escolhidos, observar, analisar, tecendo considerações, delimitações com argumentos bem fundamentados.

O diálogo (questionamentos) durante todo o trabalho, por parte do professor e dos alunos, é determinante para a construção do conhecimento e consequentemente para atingir os objetivos pretendidos. Eles são conduzidos para despertar curiosidades, contestações, considerações, ressalvas, inquietações que levarão à reformulação de ideias para a construção do logotipo do McDonald's, cujo suporte é o modelo matemático.

3 O conteúdo foi transmitido/ aulas expositivas/ modelos que deverão ser seguidos, algo pronto e acabado.

SEQUÊNCIA DIDÁTICA

[4]O Logotipo do McDonald's na Construção do Conhecimento em torno da Função Polinomial do 2º grau

ETAPA 1

Roteiro de atividades

Você está recebendo um bloco de atividades e a imagem do logotipo do McDonald's. Leia, pense, analise cada uma delas com os seus colegas. As respostas devem ter as justificativas baseadas no estudo sobre função.

1. Pense! Procure relações entre conteúdos estudados e o logotipo do McDonald's. Registre suas descobertas.
2. Esse logotipo poderia ser a representação gráfica de uma função? Justifique sua resposta com base na definição de uma função.
3. Após as observações feitas, consegue pensar em uma função que esteja relacionada com a imagem do logotipo do McDonald's? Qual? Justifique.
4. Se traçarmos um plano cartesiano e colocarmos o logotipo, você pode afirmar que teremos uma função real? Pense na definição de função! Você tem alguma observação a fazer em relação à imagem do logotipo e à definição de função?

---

4 Qualquer dúvida ou sugestão poderá ser tirada/recepcionada por e-mail (autoras).

5. Pense na definição de função e observe o desenho traçado no plano cartesiano. Qual a conclusão após analisá-lo?

ETAPA 02

Vamos estudar o logotipo do McDonald's no plano cartesiano!

1. Observe o plano cartesiano! Onde você vai desenhar o logotipo para realizar o estudo? Fez sua escolha com base em que?
2. Vamos encontrar a representação algébrica do gráfico que você desenhou? Observe que o "*M*" do McDonald's deverá ser traçado e estudado por partes. Se quisermos encontrar a representação algébrica de uma função polinomial do 2º grau, quais pontos da parábola você considera importantes para obtê-la?
3. Se você pensou sobre o posicionamento de uma parábola no plano cartesiano quando desenhou o logotipo, poderia justificar sua escolha em relação aos pontos escolhidos no item anterior?
4. Vamos pensar sobre facilidades e dificuldades em obtermos a representação algébrica de uma parábola quando seu vértice está localizado no 1º quadrante, 2º quadrante, 3º quadrante e 4º quadrante ou sobre os eixos. Registre as dificuldades e facilidades "aparentes" quando você pensa na localização.
5. Se você desenhar o logotipo no quarto quadrante do plano cartesiano, sem tocar o eixo das abscissas, o que você poderá afirmar sobre as raízes?
6. Se você desenhar o logotipo no quarto quadrante, cada uma das parábolas não irá cortar o eixo das abcissas, neste caso, quais pontos você irá considerar para obter a representação algébrica da parábola? Que conclusão você tirou?
7. Vamos pensar em alguns posicionamentos da parábola no plano cartesiano pensando em como obter os coeficientes da função!
8. Pense em uma parábola que corta o eixo das ordenadas. O que irá acontecer com os coeficientes?
9. Pense em uma parábola que corta o eixo das abcissas e outra que não corta o eixo das abcissas. Quais os caminhos a serem percorridos por você quando pretende encontrar a representação algébrica dessa parábola?

10. Encontre as representações algébricas de cada uma das parábolas traçadas para desenhar o logotipo do McDonald's, utilizando o GeoGebra. *Você deve encontrar a representação algébrica, digitar no campo de entrada do software para obter o gráfico utilizando o GeoGebra.*

ETAPA 03

Vamos desenhar os gráficos das funções encontradas por vocês utilizando o GeoGebra? Será que as representações algébricas encontradas são as procuradas para representar o logotipo?

1. Como devo digitar a função para que o programa desenhe o logotipo do McDonald's? Qual a linguagem que o GeoGebra reconhece? Por quê?

Cada grupo deverá traçar o logotipo com base na representação algébrica encontrada para cada uma das parábolas traçadas e verificar se atingiu a proposta de desenhar o logotipo.

2. O que você observou? O que é necessário fazer? Discuta com seus colegas e após chegarem a uma conclusão faça as observações necessárias.

ETAPA 04

Vamos socializar nossas descobertas com os demais grupos?

1. Pense em uma parábola! Os pontos onde a parábola corta o eixo das abscissas, o que representam na função?

2. Se a parábola não corta o eixo das abscissas, o que você pode afirmar em relação às suas raízes?

3. Para você desenhar o logotipo do McDonald's, as concavidades das parábolas traçadas devem estar, todas, voltadas para baixo. Essa afirmação está relacionada com algum coeficiente da função? Em relação a que?

4. Observe que todos os pontos que se encontram no 1º quadrante têm coordenadas positivas e normalmente o 1º quadrante é o escolhido pela maioria dos alunos para desenhar o logotipo. Se desenharmos o logotipo do McDonald's no 1º quadrante, quais os pontos da parábola escolhidos por você para através deles encontrarmos as representações algébricas das funções que serão desenhadas? Atenção! *Para que fique a representação do*

logotipo, terão que limitar o domínio. Se passar pela origem (0) e por p, teremos: $0 \leq x \leq p$ *(uma das raízes) e outra sentença* $-p \leq x \leq 0$*, uma função com duas sentenças.*

5. Considere as coordenadas do vértice como um dos pontos utilizados por você para encontrar a representação algébrica da parábola. Pensando em desenhar uma parábola com concavidade voltada para baixo e seu vértice posicionado acima do eixo das abscissas, qual dos pontos, que se encontram acima do eixo das abcissas, você localizaria o vértice, pensando em facilitar os cálculos e agilizar? Justifique!

6. Utilizando o GeoGebra, digite no campo de entrada:

   $\mathbf{f(x) = -x^2 + 5; f(x) = -x^2 + 3; f(x) = -x^2 + 4; f(x) = -x^2 + 1; f(x) = -x^2 + 6.}$

7. O que você observa analisando as representações geométricas das funções traçadas no GeoGebra? Faça uma análise pensando nos coeficientes das funções e no eixo de simetria de cada uma delas.

8. Em cada uma das representações do item 6, identifique os coeficientes: **a, b** e **c** ao comparar com a representação $\mathbf{f(x) = ax^2 + bx + c}$**.** O que pode concluir?

9. Vamos analisar uma situação específica quando o coeficiente "**b**" da função representada por: $\mathbf{f(x) = ax^2 + b\,x + c}$**,** for igual a zero $\mathbf{(b = 0)}$**.** Podemos ter como exemplo as funções exemplificadas no item 6. Siga os passos que seguem:

   a) Observe os gráficos representados e identifique as raízes em cada um dos casos.

   b) Se o coeficiente **b** for igual a zero, onde estará localizado o vértice da parábola? Identifique cada uma das coordenadas do vértice relacionado com os gráficos das funções traçadas no item 6. Analise, pense! O que você pode concluir?

   c) O que você pode afirmar em relação às raízes quando o coeficiente **b**, da função, for igual a zero? E sobre o eixo de simetria?

10. Onde estão localizados os vértices das parábolas representadas no GeoGebra, após você ter digitado as funções do item 6?

11. Pense nos vértices das representações desenhadas e nos coeficientes das funções digitadas, o que você conclui?

12. Utilizando o GeoGebra, digite no campo de entrada:

$f(x) = -x^2 + 5x$; $f(x) = -x^2 + 3x$; $f(x) = -x^2 + 4x$; $f(x) = -x^2 + x$; $f(x) = -x^2 + 6x$

13. Compare as representações algébricas e gráficas. Observe os coeficientes de cada uma delas com suas representações gráficas. O que você pode afirmar ao observar cada uma?

14. Você utilizou alguma fórmula para encontrar as representações algébricas das funções que originaram cada uma das parábolas do desenho do logotipo do McDonald's?

- **Temos a soma das raízes, muito utilizada. $x + x' = -b/a$**

  Como o coeficiente **a** não pode ser igual a zero para representar uma função do 2º grau, só teremos uma única condição para a soma das raízes ser igual a zero, qual será?

  Se as raízes são simétricas, o que você poderá afirmar em relação ao eixo de simetria da parábola representada, referente a essa situação?

- **Temos o produto das raízes, onde $\dot{x} \cdot x' = c/a$**

  Para o produto entre dois números ser igual a zero, quais as possibilidades? O que você pode afirmar em relação às raízes?

  Se na representação algébrica da função você percebe que o coeficiente **$c = 0$**, o que você pode afirmar em relação às raízes?

- **Temos duas fórmulas que também são muito utilizadas:**

  $X_v = -b/2a$(Importante para observarmos o deslocamento da parábola na horizontal)

  Reflita sobre as seguintes situações e observe a fórmula utilizada para análise.

  O coeficiente ***a*** não pode ser zero, logo teremos duas situações: ***$a > 0$ e $a < 0$.***

  Faça a análise:

  $a > 0$ e $b > 0$

  $a < 0$ e $b < 0$

  $a > 0$ e $b < 0$

$a < 0$ e $b > 0$

$a > 0$ e $b = 0$

$a < 0$ e $b = 0$

$Yv = - \Delta / 4a$ (Importante para observarmos o deslocamento da parábola na vertical)

Se você pretende deslocar a parábola ou traçar uma outra parábola com seu vértice se deslocando na vertical, o que você sugere em relação aos coeficientes da função que irá representá-la?

15. Algumas questões teremos que considerar:

a) Concavidade voltada para baixo, mas as aberturas poderão ser iguais ou diferentes. Qual o coeficiente que está relacionado com a abertura e concavidade da parábola?

b) Digite no campo de entrada do GeoGebra:

$f(x) = - x^2 +3; f(x) = - x^2 + 4; f(x) = - x^2 + 5$

- Elas têm a mesma abertura?

- Você pode afirmar com base em que?

- Identifique os coeficientes ***a***, ***b*** e ***c*** das representações algébricas das funções digitadas e analise suas respectivas representações. O que você observa ao compará-las?

c) Digite no campo de entrada do GeoGebra:

$f(x) = - x^2 + 3; f(x) = - 2x^2 + 3; f(x) = - 3x^2 + 3$

- Observe que o coeficiente ***a*** está variando e a abertura das parábolas também. Qual a relação entre o coeficiente **a** e a abertura da parábola? O que você pode afirmar?

- Podemos construir o desenho do logotipo do McDonald's utilizando o GeoGebra, digitando as representações algébricas das parábolas no campo de entrada do *software. Observe que elas poderão ser construídas com a mesma abertura, só fazendo os deslocamentos verticais e horizontais necessários.*

Vamos construir um novo desenho, juntos?

PARA O(A) PROFESSOR(A)

A ideia surgiu como uma proposta de trabalho para possibilitar ao aluno fazer associações entre um modelo matemático e a uma situação real; posteriormente aplicar conceitos, técnicas e procedimentos matemáticos, durante a (re)construção do Logotipo do McDonald's, usando o GeoGebra, após terem realizado estudos sobre função Polinomial do 2º grau.

Durante a realização das atividades propostas, o aluno irá mobilizar conhecimentos por meio da resolução de problemas que possibilitam o desenvolvimento do raciocínio e pensamento lógico para decidir sobre o que fazer, como, o porquê e para quê, além de ajudar a entender o sentido de muitas das respostas referentes a questionamentos que lhes são feitos.

O estudo realizado deu ênfase aos tópicos listados: Sistema de coordenadas cartesianas; Ponto (representação algébrica e gráfica); Relação; Função; Domínio e Imagem de uma Função; Representação Algébrica e Gráfica da Função Polinomial do 2º grau e Translação vertical e horizontal de gráficos.

- O sistema de coordenadas possibilita que o aluno possa perceber a importância dos referenciais e das coordenadas cartesianas (x, y) para definir um único ponto no plano. Durante a leitura, para obter ou informar a localização de objetos ou pessoas no plano ou espaço, ele percebe a importância do sistema de referência formado por duas retas coplanares que se interceptam; inicialmente não eram perpendiculares, mas para facilitar a representação gráfica, pelo aluno, fixou-se em um ângulo de 90º (retas perpendiculares).

- O conceito de função é a base para uma aprendizagem significativa em relação a um universo de conteúdo, em Matemática e em outras áreas do conhecimento, muito extenso. Funciona como **"Hub"** (traduzido do Inglês, **"pivô")**, funciona como **"Subsunçor" (Teoria da Aprendizagem Significativa-David Ausubel)**, capaz de favorecer novas aprendizagens (MOREIRA, 2006).

- Esta proposta de trabalho foi pensada e construída para possibilitar o desenvolvimento de habilidades que possibilitem a construção de conhecimentos em torno da função polinomial do 2º grau, além de trabalhar a comunicação por meio de plataformas diversas (multimídia analógica e digital, imagens gráficas e linguagens verbais, cartográficas, artísticas etc.)

que possibilitam o desenvolvimento de habilidades como ler, interpretar, analisar, conjecturar, experimentar e concluir.

- Esta sequência foi pensada e aplicada pela primeira vez há um certo tempo com uma turma de 1º ano do Ensino Médio. Por ter despertado a curiosidade e envolvimento da turma, a professora vem aplicando e fazendo as alterações e acréscimos necessários, de acordo com as necessidades que surgem. Ela foi pensada para ser realizada em etapas, no total de 4, cada uma delas tem objetivos bem específicos, mas interdependentes. O número de aulas para cada uma das etapas tem variado e depende muito da postura do professor. Normalmente os alunos precisam de mais tempo que o previsto quando ficam com a responsabilidade de pesquisarem, discutirem, experimentarem, concluírem, socializarem, sem receberem respostas prontas do professor(a), mas levam em média o tempo de 8 aulas (4 geminadas) com a incumbência de continuarem as discussões e atividades em casa.

ETAPA 01

Objetivo – Criar um cenário de investigação que possa envolver os alunos. Utilizando um estímulo visual, o logotipo do McDonald's, na tentativa de fazerem uma associação em relação aos conhecimentos em torno da função polinomial do 2º grau, já estudados.

1º – Colar no quadro ou na parede o logotipo do McDonald's, impresso e em um tamanho consideravelmente grande, com o objetivo de despertar curiosidade, questionamentos e consequentemente comunicação. O aluno deve ser estimulado a comunicar seu pensamento matemático de forma coerente e clara com seus colegas e professor(a). *Nesse momento o professor nada deve falar até que os alunos se manifestem. Após surgirem questionamentos e/ou comentários, o professor deverá fazer o convite para o grupo: "Vamos estudar a Matemática que existe no logotipo do McDonald's?"*

2º– Dividir em grupos e entregar para cada grupo o logotipo do McDonald 's em tamanho reduzido e um roteiro com as atividades relacionadas. *Dessa forma, a proposta tem como objetivo fazer com que o aluno reflita sobre regras e procedimentos realizados durante o estudo do gráfico de uma função para desenvolver as* *habilidades necessárias para serem capazes de: falar sobre, escrever sobre, conversar sobre, descrever e explicar as ideias matemáticas.*

ETAPA 02

Objetivo – Fazer com que o aluno reflita, investigue, experimente e conclua as relações existentes entre: coeficientes, raízes e os posicionamentos da parábola quando traçada no plano cartesiano. *O professor deverá fazer o convite:* ***Vamos estudar o logotipo do McDonald's no plano cartesiano!***

ETAPA 03

Objetivo – Inicialmente, enfatizar a importância da representação algébrica na utilização de um *software* para desenhar o gráfico de uma função; assim, pode-se possibilitar uma maior interação e exploração de ideias para transformar a sala de aula em um ambiente ativo e verbal.

A questão principal é: – Qual a importância da representação algébrica da função, quando pretendemos construir a sua representação gráfica utilizando o computador? *Assim, as perguntas que podem ser feitas aos estudantes são: Vamos desenhar o gráfico da função encontrada por vocês, na aula anterior, utilizando o GeoGebra? Como devo digitar a função para que o programa desenhe o logotipo do McDonald's? Qual a linguagem que o GeoGebra reconhece? Por quê?*

Para isso é necessário utilizar um projetor multimídia, computador com o software GeoGebra e o roteiro da aula anterior. Cada grupo deverá traçar o logotipo com base na representação algébrica encontrada para cada uma das parábolas traçadas.

ETAPA 04

Objetivo – Formalizar o estudo com base nas descobertas realizadas durante a construção do logotipo do McDonald's. A construção coletiva poderá possibilitar o exercício da empatia, do diálogo entre grupos que promove o respeito, o acolhimento e a valorização da diversidade das ideias e pensamentos.

Baseado em nossa experiência, percebemos que é muito comum os alunos decorarem regras como: se os coeficientes ***a*** *e* ***b*** têm sinais iguais, a parábola tem seu vértice no segundo ou terceiro quadrante e se os coeficientes ***a*** *e* ***b*** *tiverem sinais diferentes, a parábola tem seu vértice no primeiro ou quarto quadrante (analisando o eixo de simetria). Assim, indicamos ser um momento oportuno para discutir e refletir sobre o porquê.*

A ideia é construir com todos e dar oportunidade ao grupo de revisar o que foi discutido, analisado, pensado, concluído, sempre considerando diversas localizações para fazerem uma escolha consciente.

Ao utilizar o software GeoGebra, na etapa 04, item 06, utilizamos a mesma denominação f(x) para as diferentes funções. Nesta lógica didática, incentivamos o aluno ao raciocínio do porquê utilizar várias denominações, criando assim mais uma oportunidade para refletir, em sala de aula, o excesso de algebrismo.

REFERÊNCIAS

BRASIL. Secretaria de Educação Fundamental. **Parâmetros curriculares nacionais**: matemática. Brasília: Ministério da Educação; Secretaria de Educação Fundamental, 2000. Disponível em http://portal.mec.gov.br/seb/arquivos/pdf/blegais.pdf. Acesso em: jan. 2023.

BRASIL. Ministério da Educação. Base Nacional Comum Curricular. Brasília, DF: Ministério da Educação, 2018.

MOREIRA, M. A. **A teoria da aprendizagem significativa e sua implementação em sala de aula**. Brasília: Editora da UnB, 2006. 186p.

ESPONJA DE MENGER ATRAVÉS DE ORIGAMI

Marcus Vinícius Oliveira Lopes da Silva
marcus.silva102@enova.educacao.ba.gov.br

INTRODUÇÃO

Durante o nosso percurso como profissionais da educação básica, tanto na rede pública quanto na privada, em especial no ensino de Matemática, nos deparamos com a laboriosa tarefa de desenvolver atividades desafiadoras, novas e estimulantes. Com o desenvolvimento tecnológico acelerado e o imediatismo presente no comportamento cotidiano dos discentes, as metodologias antigas ainda utilizadas para o ensino da Matemática por vezes não promovem o aprendizado de forma eficaz.

Formas inovadoras de desenvolver o ensino da Matemática se caracterizam como uma nova linguagem, a qual deve ser apresentada aos alunos como novas formas do compreender, refletir e agir utilizando conceitos matemáticos. Ao introduzirmos essa nova forma de vivenciar a matemática, criamos diferentes pontos de vista e novas logicidades na tomada de decisão. A linguagem permeia e determina nossas ações e, ao modificá-la, modificamos também nossa forma de agir (SKOVSMOSE, 2008).

Na perspectiva de contribuir com propostas de novas linguagens para o ensino de Matemática, proponho esta sequência didática retirada de minha dissertação de mestrado (SILVA, 2020). O estudo foi desenvolvido a partir da construção da Esponja de Menger – estrutura fractal tridimensional apresentada em 1926 pelo matemático austríaco Karl Menger (1902-1985).

O trabalho é construído com peças de origami, sendo uma atividade que detém diversos níveis de dificuldade. A depender da iteração escolhida, pode-se aplicar tanto em aulas de Matemática do ensino fundamental como do ensino médio. Através dela é possível trabalharmos com Geometria plana (medidas de lados, perímetro, área e volume), números racionais, potenciação, razão e proporção, progressão geométrica, séries numéricas e limite de função.

Propõe-se nessa sequência didática a construção de duas iterações, nível zero e nível um. Ademais, deve-se sublinhar que as atividades propostas exploram estratégias para trabalhar com geometria plana e espacial nas séries finais do ensino fundamental II e nas séries do ensino médio, contemplando, respectivamente, as competências EF09MA19[5] e EM13MAT309[6] da BNCC (2017).

SEQUÊNCIA DIDÁTICA

TAREFA 1: Montagem do cubo, estrutura inicial da Esponja de *Menger*.

Iniciamos a sequência entregando aos alunos folhas de papel do tipo A4. Em cada folha, deve estar impresso um quadrado de 15*cm* de lado para que os alunos cortem os quadrados. Outra opção é distribuir os quadrados já cortados, conforme a figura a seguir.

Figura 1: Folha de papel com quadrado traçado

A seguir, as etapas para a construção da esponja de Menger com Origami:

1º Passo: Dobramos o quadrado na diagonal, fincamos bem na dobra e, em seguida, o desdobramos:

5 (EF09MA19) Resolver e elaborar problemas que envolvam medidas de volumes de prismas e de cilindros retos, inclusive com uso de expressões de cálculo, em situações cotidianas.

6 (EM13MAT309) Resolver e elaborar problemas que envolvem o cálculo de áreas totais e de volumes de prismas, pirâmides e corpos redondos em situações reais (como o cálculo do gasto de material para revestimento ou pinturas de objetos cujos formatos sejam composições dos sólidos estudados), com ou sem apoio de tecnologias digitais.

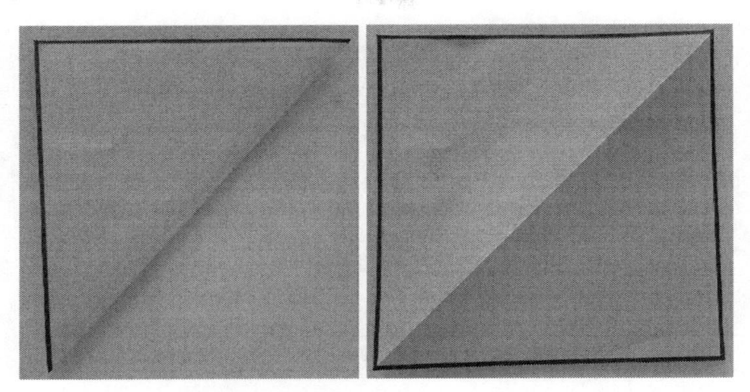

Figura 2: Dobradura do quadrado pela diagonal

2º Passo: Dobramos o quadrado ao meio verticalmente, fincamos bem a dobra e abrimos novamente.

Figura 3: Quadrado após ser realizada a 2ª dobra

3º Passo: Com a folha dividida em duas metades, dobramos cada uma na metade, fincamos a dobra e abrimos novamente, conforme figuras a seguir:

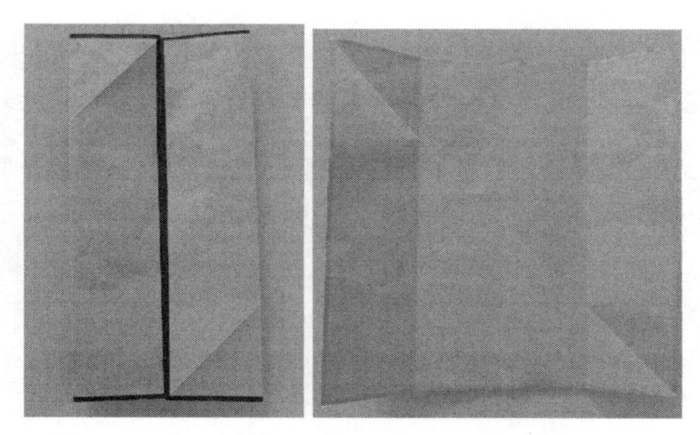

Figura 4: Quadrado após ser realizadas a 3ª e 4ª dobras

4º Passo: Em seguida, na mesma direção da diagonal, dobramos os vértices opostos até a dobra que acabamos de construir, conforme demonstrado na figura a seguir:

Figura 5: Dobraduras na diagonal do quadrado

5º Passo: Dobramos agora os triângulos formados na bissetriz de um de seus ângulos, sobrepondo a diagonal a um dos catetos:

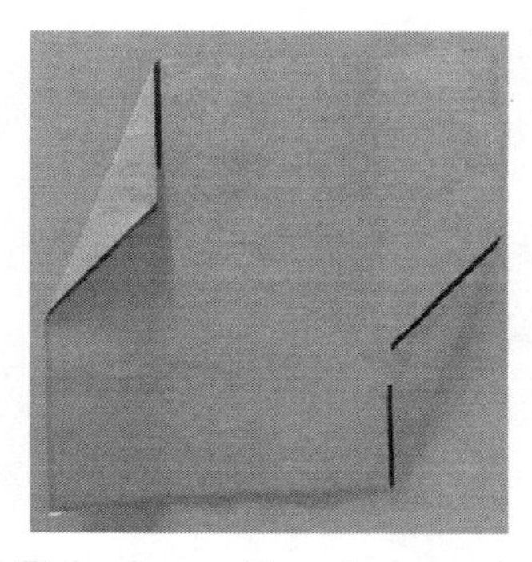

Figura 6: Dobradura na bissetriz de um dos ângulos

6º Passo: Dobramos o quadrado para a posição do **3º Passo** como na figura a seguir:

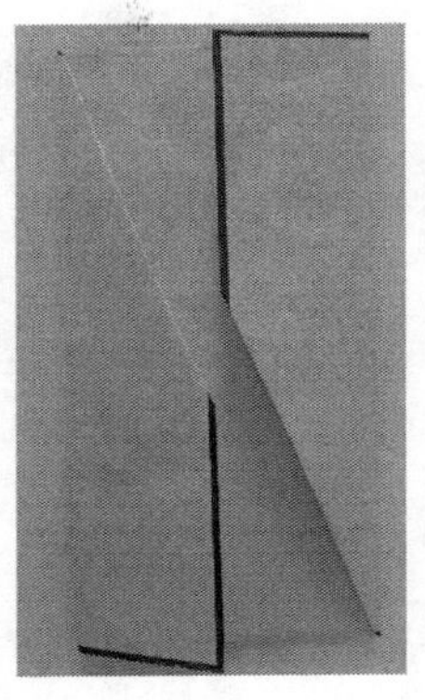

Figura 7: Dobradura para a posição do **3º Passo**

7º Passo: Em seguida, com cada uma das partes que não foram dobradas, formamos dois triângulos, como vemos a seguir:

Figura 8: Dobradura formando dois triângulos

8º Passo: Colocamos os triângulos formados nas aberturas existentes em cada aba oposta, formando assim um paralelogramo.

Figura 9: Triângulos formando um paralelogramo

9º Passo: Por fim, viramos para cima a face do paralelogramo que não possui abertura e dobramos de modo a formar um quadrado.

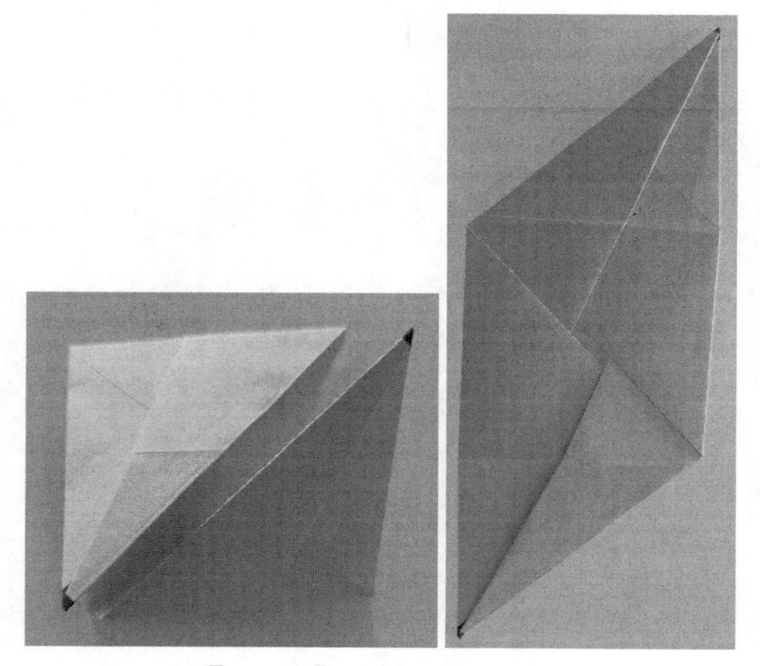

Figura 10: Formando um quadrado

10º Passo: E assim, formamos a peça que utilizaremos para construir nossos modelos.

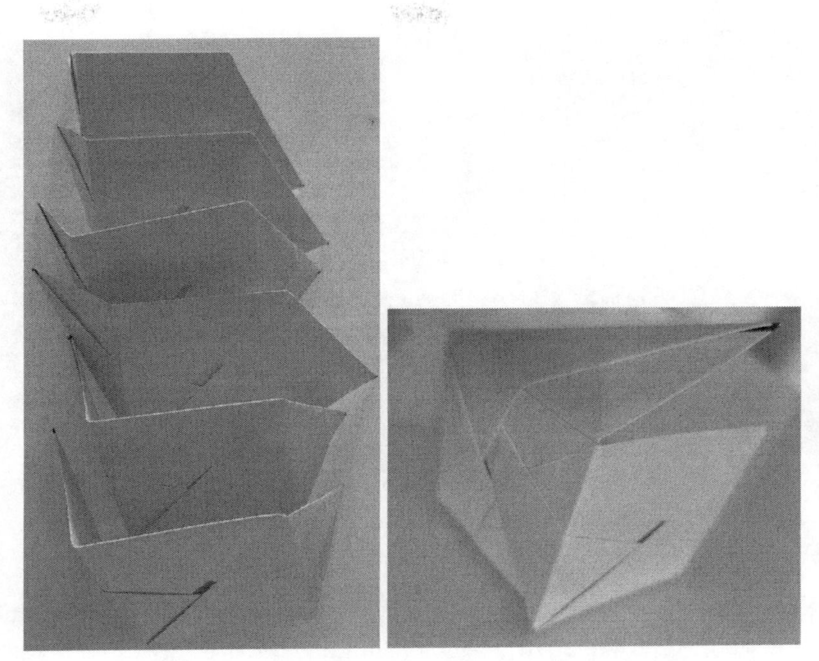

Figura 11: Peças para construção do modelo – parte 1

Figura 12: Peças para construção do modelo - parte 2

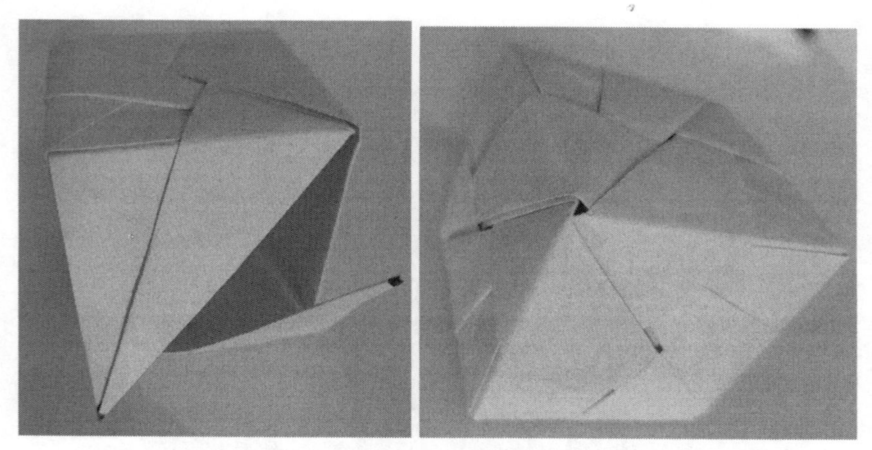

Figura 13: Peças para construção do modelo - parte 3

TAREFA 2: Montagem da primeira iteração da Esponja de Menger

Para a construção do segundo modelo, correspondente à primeira iteração da Esponja de Menger, utilizamos 72 unidades das peças apresentadas ao 9º passo.

Figura 14: Início da montagem da 1ª iteração da esponja de Menger

Figura 15: A cada momento é verificada a precisão dos encaixes

Figura 16: Primeira esponja de Menger a ser finalizada

Figura 17: Esponja de Menger vista de cima

Figura 18: Outra perspectiva da esponja de Menger

PARA O(A) PROFESSOR(A)

Antes da execução:

O professor, inicialmente, distribui os materiais e elucida aos alunos como devem ser feitas as dobras, evidenciando a importância da atenção que deve haver em cada procedimento. Em seguida, deve informar aos alunos que os fractais são modelos obtidos na infinitésima iteração, e que em qualquer tipo de modelagem o número de iterações é bastante limitado. A exposição do modelo, previamente construído pelo professor ou exposto virtualmente, deve ser feita a fim de que os alunos consigam visualizar o formato do modelo que estarão construindo em breve.

Durante a execução:

Para garantir que a construção do modelo ocorra de forma correta e sem folgas entre as peças, é extremamente importante observar a qualidade das peças produzidas pelos alunos. Nesse momento, o uso do projetor multimídia é importante para auxiliar o professor e os alunos em relação às etapas da oficina. Após terem sido confeccionadas todas as peças necessárias para a montagem do modelo, é necessário que o professor oriente os alunos, em cada grupo, quanto à montagem. É recomendado que o professor já tenha feito a montagem do modelo previamente à oficina para que perceba as dificuldades e os melhores caminhos durante a montagem.

Após a execução:

Após a montagem da Esponja de *Menger*, deve ser feita uma análise das etapas de iteração. Com o modelo físico, os alunos devem ser orientados para que, através da análise e do manuseio do modelo, percebam as mudanças ocorridas a cada iteração. Dessa forma, a aprendizagem ocorrerá de forma espontânea, coletiva e verdadeira. Por fim, faz-se a verificação da aprendizagem através de atividades norteadoras. Aqui sugerimos algumas dessas atividades a serem realizadas pelos alunos.

ATIVIDADES A PARTIR DA OFICINA ESPONJA DE MENGER

Questão 1 Quais figuras geométricas podemos obter durante a construção da peça inicial?
Sugestão: Durante a construção de uma das peças, perguntar aos alunos sobre a figura geométrica obtida em cada etapa.

Questão 2 Na primeira iteração, como foi observado durante a oficina, os cubos menores centrais de cada face e o cubo menor do centro são retirados. Supondo que a aresta do cubo inicial vale 1 *m*, qual o volume antes da 1ª iteração? E após?

Questão 3 Complete a tabela a seguir. Considere que a aresta do cubo inicial vale 1 *m*.

Iteração	Comprimento da aresta	Quantidade de cubos	Área da face	Volume da estrutura
0				
1				
2				

Sugestão: Utilize o modelo construído para que os alunos verifiquem os dados da 1ª iteração. Para obter os dados da 2ª iteração, faça uma análise coletiva utilizando o projetor multimídia.

Questão 4 O que deve ocorrer com o volume e com a área da superfície da Esponja de Menger na sua infinitésima iteração? Explique.
Sugestão: Permita que a discussão se inicie nos grupos menores (com 4 alunos cada), e em seguida abra a discussão para toda a sala.

Questão 5 Demonstre os resultados obtidos na questão 4 utilizando os conceitos de limite.
Sugestão: Introduza inicialmente aos alunos os conceitos de limites que tendem a zero e ao infinito.

REFERÊNCIAS

ARITA, A. C. P.; SILVA, F. S. M. da; GAMBERA, L. R. A geometria da Esponja de Menger. **CQD-Revista Virtual Paulista de Matemática**, p. 1-8, 2013.

BARBOSA, R. M. Descobrindo a Geometria Fractal – para a sala de aula, 3ª edição, **Coleção Tendências em Educação Matemática**, Editora Autêntica, 2007.

CORRÊA, A. de O. **Geometria Fractal no Ensino Médio**. 2014. Dissertação (Mestrado Profissional em Matemática em Rede Nacional) – PROFMAT, UNIFAP, 2014.

CÔRTES, I.; ANTUNES, G. **Geometria fractal no ensino médio**: teoria e prática. Rio de Janeiro: Universidade Federal do Rio de Janeiro. Centro de Ciências Exatas e Tecnologia, 2014.

SILVA, M. V. O. L. da. **Geometria fractal e atividades para o ensino de matemática**: degraus fractais e esponja de Menger. Dissertação (Mestrado Profissional em Matemática em Rede Nacional – PROFMAT), Salvador, 2021.

SKOVSMOSE, O. **Desafios da reflexão em educação matemática crítica**. Tradução de Orlando de Andrade Figueiredo e Jonei Cerqueira Barbosa. Campinas: Papirus Editora, 2008.

THOMPSON, Mark. **Métodos De Matemática Aplicada**. [*S. l.*]: Clube de Autores, 2013.

ACESSIBILIDADE DIDÁTICA: PRINCÍPIO PARA ELABORAR ATIVIDADES SOBRE SEQUÊNCIAS

Anete Otília Cardoso de Santana Cruz
anetecruz@ifba.edu.br

INTRODUÇÃO

Essa atividade representa parte da proposta que foi desenvolvida no Percurso de Estudo e Pesquisa, ao longo da minha tese de Doutorado. Fiz algumas adequações, fruto das interlocuções com estudantes e docentes que fizeram formações comigo.

A atividade tem por objetivo propor o estudo inicial acerca de Sequências para ampliar a concepção desse saber, que está presente na Matemática, mas também para além dela. Destaco que Sequências, nesse contexto, refere-se a um saber que está presente no Ensino Médio, inserido no campo algébrico, que faz parte do estudo das Funções em que são tratadas também as Progressões Aritméticas (P.A.) e Progressões Geométricas (P.G).

Dessa forma, em atividades sobre Sequências são valorizadas situações nas quais a observação, as indagações e as percepções deverão conduzir o/a leitor/a à descoberta de possíveis padrões para procurar, na medida do possível, generalizá-los, quando solicitado.

O desafio está em descobrir como se configuram os padrões (parte/algo que se repete da mesma forma), por meio de alguns contextos, tais como: propagação do coronavírus e a lenda com o tabuleiro do xadrez, sequenciamento de figuras, espalhamento de um patógeno. Para finalizar, você notará a presença de imagens, *links* de vídeos, assim como questões subdivididas e com informações curtas e diretas. Essas estratégias se configuram como caminhos para tornar as propostas de atividades acessíveis às pessoas com deficiência e/ou transtorno. Este é princípio da acessibilidade pedagógica, presente na Política de Inclusão do Instituto Federal da Bahia (IFBA, 2017)[7].

Para facilitar o planejamento da aplicação das atividades, são fornecidas orientações acerca do tempo de realização e sugestão de materiais a serem utilizados.

Aproveite as atividades para estimular as formas argumentativas que cada estudante pode expressar. Tenha uma ótima viagem!

Vale-Dica

Seguem algumas dicas para orientá-la/o na realização das atividades com estudante com deficiência e/ou Transtorno Espectro Autista (TEA). As atividades propostas, neste capítulo, foram pensadas para estudantes surdos/as, mas podem ser utilizadas com estudantes com outra deficiência e/ou transtorno. Como cada sujeito é único, é importante que o/a professor/a conheça a forma de aprender e os potenciais do/a seu/sua estudante para adequar a atividade a ele/a. Assim, essas dicas têm o propósito de nortear o seu trabalho, não representando a única forma de conduzi-lo. Seguem as dicas, na forma de um quadro-resumo.

7 Disponível em: https://portal.ifba.edu.br/dpaae/anexos/resolucao-30-2017-politica-inclusao--pessoa-com-deficiencia-4.pdf Acesso em: 13 nov. 2022.

Quadro 1: Dicas inclusivas

Estudante			
Dicas			
Impressão do material	X	X (impressão em braile)	X (de forma espaçada, trazendo, sempre que possível, a imagem da situação, junto à pergunta)
Utilizar os vídeos propostos e outros que considere importantes	X (ficar atento/a à legenda e/ou a presença do/a intérprete de Libras)	X (ficar atento/a ao recurso da audiodescrição)	X (valorizar o uso de vídeos que adotem imagens, que tenham curta duração)
Trazer sempre a imagem junto às perguntas	X		X
Trazer os objetos que compõem a situação	X (seja como material manipulável, seja nas imagens obtidas na internet)	X (de preferência, como material manipulável)	X (seja como material manipulável, seja nas imagens obtidas na internet)

Fonte: A autora (2023).

Obs.: *1) Destaco que a/o intérprete de Libras estará junto à/ao estudante surda/o, mas cabe à/ao docente atuar como docente. Intérprete de Libras não é o/a professor/a do/a estudante surdo/a, ok?!*

2) Todo o planejamento da aula, assim como atividades, deve ser repassado com antecedência (tempo a ser negociado com o/a profissional) para o/a intérprete de Libras, transcritor/a de Braile e AEE.

3) A entrega/envio do planejamento das aulas, desenvolvidas para o/a estudante com deficiência/transtorno, assim como as atividades, deve ser feita com antecedência para que o/a estudante se situe acerca do que será trabalhado em classe.

4) É importante que o/a docente faça uma prévia do que será tratada na atividade, como se fosse um convite à participação e engajamento do/a estudante.

Atividade 1

Objetivos: - *Desenvolver leitura e interpretação;*
- Desenvolver as habilidades de observação e captação de informações ofertadas por fontes diferentes (vídeo/texto/outras);
- Calcular o número de grãos em uma dada casa;
- Perceber padrões presentes na sequência do número de grãos em cada casa, a partir de diferentes fontes (vídeos e textos);
- Relacionar as variáveis número da casa com número de grãos na casa em diferentes representações (língua materna, algébrica, tabular e gráfica);
- Justificar as mudanças de representações realizadas que relacionam as variáveis número da casa com quantidade de grãos numa casa;
- Relacionar a situação do tabuleiro de xadrez com o coronavírus, especialmente com a necessidade de achatamento da curva, buscando compreender seu significado, comparando padrões e diferentes representações entre as variáveis envolvidas.

Tempo de realização da atividade: *100 min. a 150 min.*
Sugestão de materiais: *Adote folha de ofício/papel milimetrado, lápis, borracha, régua, grãos, lápis coloridos, tabuleiro de xadrez (se tiver; caso não tenha, adapte-o). Caso disponha do software GeoGebra, utilize-o.*
Dica importante: *A sugestão de uso de materiais para representar o tabuleiro de xadrez e os grãos é proposto com o propósito de possibilitar que o/a estudante com deficiência e/ou transtorno possa visualizar e/ou manipular as peças. As texturas diferentes ajudarão a/o estudante cega/o.*
Obs.: *Para a utilização dos vídeos pelo/a estudante surda/o, sugerimos o uso da legenda automática do YouTube.*

Para responder esta atividade, a/o estudante deverá assistir aos vídeos[8] e ler o pequeno texto[9]. Para tanto, apresento um breve resumo de cada material que deverá ser assistido e lido.

*Xadrez história e Regras – **Vídeo Libras*** trata de um material em forma de vídeo que, em um pouco mais de seis minutos, apresenta um breve histórico do xadrez trazendo as diferentes origens desse jogo, assim como os *designs* diferenciados dessas peças. O vídeo mostra os benefícios para quem joga xadrez e como jogá-lo. Todas as informações contidas no vídeo são apresentadas por meio de legendas e uma janela com intérprete de Libras.

8 Xadrez história e Regras – Vídeo Libras (história é contada no tempo 1:45 – 2:44). Disponível em: https://www.youtube.com/watch?v=LvS-O6u4lQs e 11 Lenda sobre a origem do jogo de Xadrez. Disponível em: https://www.youtube.com/watch?v=MZJ_2weYsXU. Acesso em: 11 dez. 2021 e Qual é a relação entre o Coronavírus e a Matemática?
Disponível em: https://www.youtube.com/watch?v=0ru8YND_SFA&t=374s , apresentado na experimentação em novembro de 2020.

9 A recompensa pelo jogo de xadrez. Disponível em: http://www.clickideia.com.br/portal/conteudos/c/29/20528. Acesso em: 11 dez. 2021.

Já o vídeo, *Lenda sobre a origem do jogo de Xadrez* traz uma narrativa como animação, que, em pouco mais de cinco minutos, fala de uma lenda de como teria surgido o jogo do xadrez e a recompensa com os grãos de trigo.

Oriento que os dois vídeos supracitados antecedam o vídeo *Qual é a relação entre o coronavírus e a matemática?*, pois darão elementos para compreender o que é trazido no presente vídeo e a relação da Matemática com o coronavírus, que será usada nas atividades posteriores. O texto *A recompensa pelo jogo de xadrez* tem a intenção de corroborar com o que foi apresentado nos vídeos sobre a história do xadrez.

Apresentada essa breve introdução ao contexto da atividade, solicito que sejam observadas as imagens que compõem a Figura 1, que foram printadas dos vídeos assistidos:

Figura 1: *Prints* dos vídeos que deverão ser assistidos

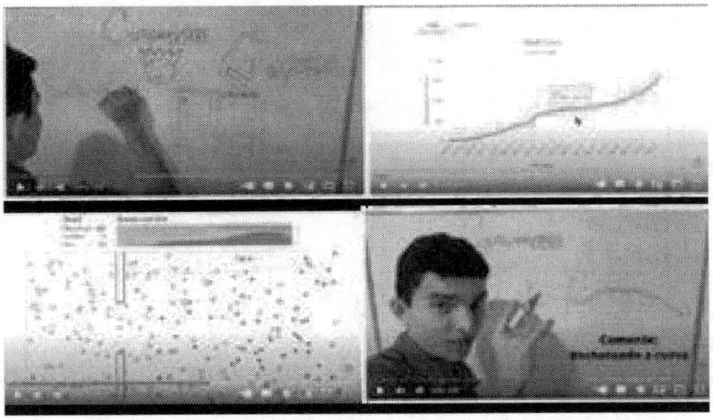

Fonte: Na nota do rodapé referente aos vídeos assistidos

a) Determinar o número de grãos[10] em cada casa, a seguir:

Casa 1:
Casa 2:
Casa 3:
Casa 6:
Casa 7:
Casa 10:

10 Destaco que se faz necessário de ter, no mínimo, 3 termos (a_1, a_2 e a_3 – o primeiro e seus sucessores) para que possa ser identificada a razão e, consequentemente, o padrão da sequência.

Figura 2: Tabuleiro de xadrez com grãos

Fonte: Google Imagens (2020).

b) Qual é a relação que acontece entre o número de grãos e as casas do tabuleiro?

c) Escrever o que você constatou no item anterior.

d) Como você faria para saber qual é o número de grãos em uma casa qualquer? *(Dica-Docente: A ideia é que o/a estudante escreva o padrão para depois abordar na forma algébrica. É importante que o/a docente trabalhe com as diferentes representações, que subsidiar**ão** o estudo de sequências e funções).*

e) Determinar o número de grãos na "***Casa n***". Como você deve proceder?

f) Esboçar o gráfico: (Posição da casa) **X** (Número de grãos na Casa).

(Dica-Docente: Importante mencionar que não se pode ligar os pontos do gráfico, prática muito comum na visão dos/as estudantes, quando se tem pontos no plano cartesiano para construir gráficos, já que se tem dados discretos).

g) Identificar, em um gráfico, em qual casa do tabuleiro de xadrez tem-se 131.072 grãos?

Algumas conclusões e encaminhamentos

A ideia de trazer a lenda do xadrez (com o contexto dos grãos de trigo e as casas do tabuleiro de xadrez) tem como propósito abordar a Matemática presente no que se refere à Progressão Geométrica (P.G).

Sobre a propagação do coronavírus.

a) Como se dá a propagação do coronavírus?

b) Como se dá o "achatamento da curva" da propagação do coronavírus?

c) Qual a importância de "achatar a curva" nesse caso?

Comparar o gráfico que você fez no item ***g*** com os gráficos apresentados no vídeo. Descrever suas observações. Comparar o gráfico que você fez na ***letra e*** com os gráficos apresentados no vídeo. Descreva as observações.

d) Observe a comparação do aumento do número de grãos em cada casa do tabuleiro de xadrez, com a propagação do coronavírus.

e) Será que é possível determinar quando a propagação do coronavírus diminuirá? Justifique a sua resposta.

f) Que relação há entre a propagação do coronavírus e a lenda do xadrez?

g) Sobre a lenda do xadrez: verifique a quantidade do total de grãos, tanto no vídeo do coronavírus quanto no texto sugerido. O que você observa? O que pode inferir sobre as observações?

Algumas conclusões e encaminhamentos

A proposta aqui é articular o contexto dos grãos de trigo e as casas do tabuleiro que são contadas na lenda do xadrez com o número de pessoas infectadas pelo vírus da covid-19. Nota-se que a Matemática é revelada por meio da P.G e da curva exponencial, presente no cenário pandêmico desde o início, passando pelo auge e possibilitando que a/o estudante investigue como o comportamento dessa curva se desenha ao surgir as vacinas. Dessa forma, refletir sobre essas relações (lenda do xadrez/grãos de trigo X propagação do vírus da covid-19) possibilita a compreensão de como tal fenômeno se comporta no mundo real.

O artigo[11] *Xadrez, grãos de trigo e progressão geométrica* se configura como um bom material para embasar tais argumentos na sala de aula.

---

11 ORSI, Carlos. Xadrez, grãos de trigo e progressão geométrica. Disponível em: https://www.revistaquestaodeciencia.com.br/index.php/artigo/2020/03/29/xadrez-graosde-trigo-e-progressao-geometrica . Acesso em: 08 maio 2022.

Atividade 2

Objetivos: *Desenvolver as habilidades de observação; Identificar padrões e elaborar discursos que contribuam para a construção das respostas baseadas em argumentos respaldados.*

Tempo de realização da atividade: *Até 50 min.*

Sugestão de materiais: *Adote folha de ofício/papel milimetrado, lápis, borracha, régua, lápis coloridos, quadradinhos, de duas cores distintas e de mesmo tamanho (no mínimo 38, para simular a situação proposta).*

Dica importante: *A sugestão de uso de materiais manipuláveis (quadradinhos, de duas e/ou duas texturas diferentes) para representar a situação proposta na atividade possibilitará que o/a estudante com deficiência e/ou transtorno (em especial, o TEA) possa visualizar e/ou manipular as peças. As texturas diferentes ajudarão a/o estudante cega/o.*

A professora Amina propôs que Antonio observasse e investigasse como a sequência de figuras estava disposta. Como Antonio é autista e tem TDAH, é indicado usar materiais manipuláveis para contribuir com a visualização da situação. Feito isso, a professora propôs que ele respondesse algumas questões. Vamos ajudá-lo?

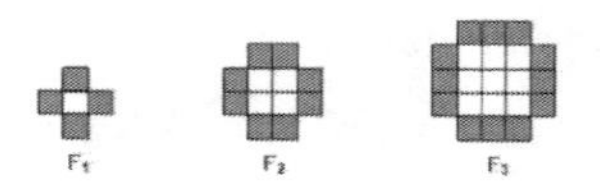

a) Escrever quantos quadradinhos estão presentes nas figuras F_1, F_2 e F_3

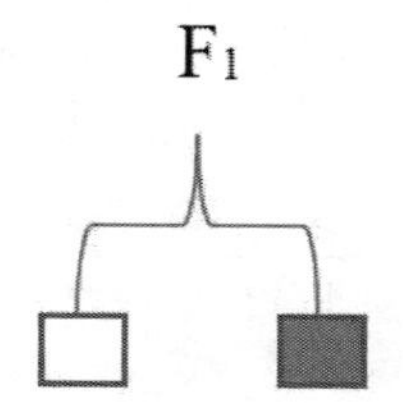

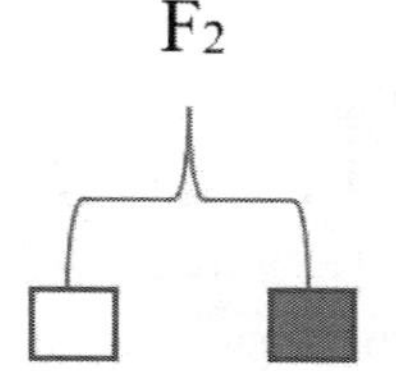

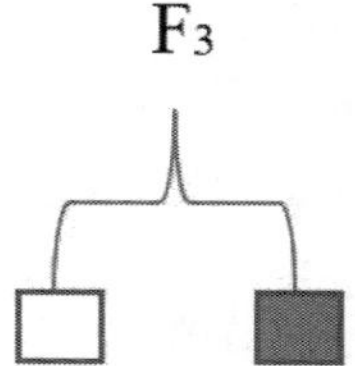

b) Antonio gostou da brincadeira de "adivinhar" quantos quadradinhos teria na próxima figura. Desenhou a figura F_4 e contou a quantidade de quadradinhos brancos e cinzas, como é apresentado a seguir[12].

12 Nesse caso, o/a docente tem que solicitar que os/as estudantes assumam o papel de Antonio.

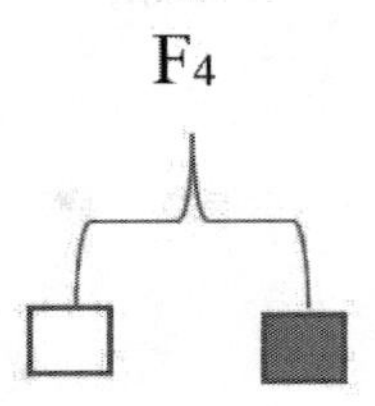

A Professora Amina reescreveu o resultado, apresentado por Antonio, dessa maneira:

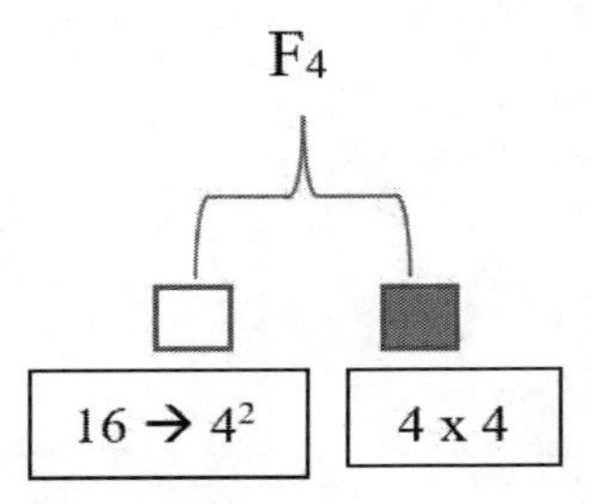

Dessa maneira, a professora sugeriu que ele reescrevesse as respostas encontradas na letra a, da mesma forma que ela propôs na F_4, proposta por Antonio. Vamos ajudá-lo?

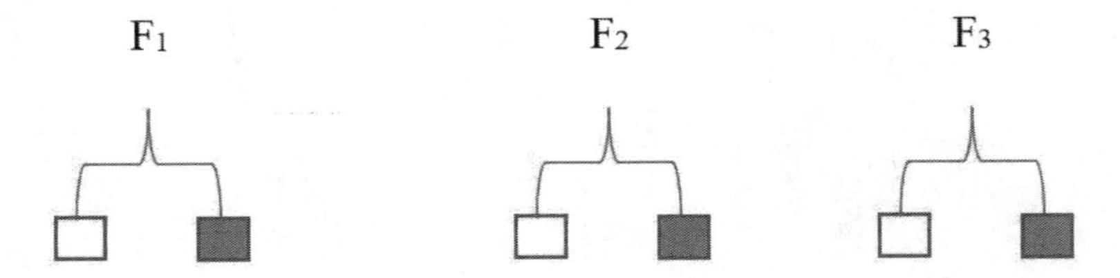

c) Desafio realizado! Agora a proposta é escrever toda a sequência e tentar encontrar uma "fórmula" que traduza a forma de encontrar a quantidade de quadradinhos brancos e cinzas, quando é dada a ***"posição n"*** da figura.

d) Na forma de sequência, elenque os elementos encontrados, até a ***posição n***.

Atividade 3

Objetivos: - *Desenvolver as habilidades de observação*

- *Identificar a existência, ou não, de padrões*

- *Elaborar discursos que contribuam para a construção das respostas baseadas em argumentos respaldados.*

Tempo de realização da atividade: *50 min. a 100 min.*

Sugestão de materiais: *Adote folha de ofício, lápis, borracha, lápis coloridos.*

Dica importante: *Acessar o link da Figura 3, pois a animação do gráfico é a essência para a atividade, em questão. Observar, com atenção, como se dá a propagação do patógeno requer atenção e estratégias para a realização da tarefa. A animação é um recurso muito importante para estudantes com deficiência e/ou transtorno. Caso tenha um/a estudante cega/o, utilize o DosVox*<?> *para traduzir em voz o que é passado ou realize a audiodescrição.*

Figura 3: *Print* do gráfico que simula a propagação do patógeno

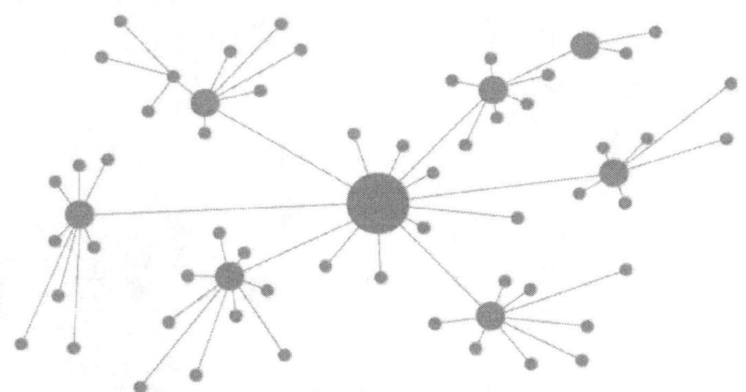

Fonte: Gráfico, com animação, extraído da Agência Fapesp (2020)[13]

a) Vamos pesquisar o significado das palavras Patógeno e Susceptível? O que elas significam dentro do contexto do gráfico apresentado?

(Dica-Docente: Segue sugestão - https://www.dicio.com.br/)

---

13 Disponível em: https://agencia.fapesp.br/para-conter-o-avanco-explosivo-do-coronavirus/32789/. Acesso em: 20 set. 2020.

Para responder às questões a seguir se faz necessário que você observe, com atenção, como se dá a disseminação do patógeno, na animação do gráfico (figura 3, com *link* na nota de rodapé).

Considerando que no ***estágio 0*** (E_0), estágio inicial, uma pessoa está infectada (laranja) e tendo no gráfico uma quantidade ***n de susceptíveis*** (em verde), vamos investigar as informações presentes no gráfico.

b) Qual o quantitativo de ***pessoas com maiores conexões na rede***?

c) Sabendo que, no estágio inicial, temos uma pessoa infectada, preencha as informações de acordo com o que você observa na animação do gráfico.

Estágio (E_n)	Pessoas (P)	Total de pessoas infectadas (n)
E_0	1	1
E_2	1	2
E_3		
E_4		
E_5		
E_6		
	...	
E_m		63

d) Escreva a sequência numérica que representa a situação proposta.

e) Qual a quantidade total de pessoas foi contaminada, no momento exato, que todas as ***pessoas com maiores conexões na rede*** estavam contaminadas?

f) Como se dá o processo de espalhamento desse vírus? Há um valor fixo de aumento, na propagação desse vírus?

g) Você consegue observar algum padrão de regularidade? Se sim, descreva qual é o padrão de regularidade.

Algumas conclusões

As atividades 2 e 3 têm como propósito a investigação de padrões, assim como a observação e generalização desses padrões. É importante que o/a professor/a consulte a tese da autora que traz o contexto e detalhamento das atividades aqui presentes.

REFERÊNCIAS

CRUZ, A. O. C. de S. **Acessibilidade Didática**: praxeologias matemáticas sobre sequências para surdos(as) e ouvintes. Tese (Doutorado) – Universidade Federal da Bahia, Programa de Pós-graduação em Ensino, Filosofia e História das Ciências, Salvador, 2022. 233f.

UMA ATIVIDADE SOBRE CRIAÇÃO DE SUÍNOS PARA INTERPRETAÇÕES DO COTIDIANO E DE GRÁFICOS ESTATÍSTICOS

Leandro do Nascimento Diniz
leandro@ufrb.edu.br

INTRODUÇÃO

Essa atividade é parte dos dados de uma pesquisa de doutorado (DINIZ, 2016). Ela é uma ressignificação[14] de uma atividade de modelagem matemática desenvolvida em uma turma do ensino médio técnico, curso de Zootecnia, na cidade de Amargosa, Bahia.

A atividade foi proposta para um grupo com cinco alunos, do 3º/4º ano do Ensino Médio[15], que escolheu um subtema ligado ao tema central intitulado Agricultura Familiar. O grupo definiu um objetivo geral, coletou os dados e os analisaram, sendo o docente um coautor desse processo.

Em atividades de modelagem matemática, conforme defendemos, o docente convida os alunos para investigarem problemas em situações reais em que a Matemática é utilizada como meio para compreender mais e melhor a realidade que os alunos possuem alguma curiosidade. Aqui, há um texto sobre um tema do cotidiano, seguido de questões que possuem uma resposta única ou solicitam opiniões ou um misto delas (BARBOSA, 2009; DINIZ, 2016).

Quanto ao conteúdo principal a ser abordado, temos a Estatística, particularmente os gráficos estatísticos. As questões envolvem a interpretação de gráficos estatísticos e buscam mobilizar as opiniões dos alunos para que reflitam sobre o tema abordado nos gráficos.

---

14 A atividade é uma adaptação do que está na tese, pois ela é transformada para que as informações sejam fornecidas aos alunos em um texto inicial, cabendo a eles a solução das questões.

15 Os alunos iniciaram o projeto no 3º ano e concluíram no 4º ano, que era o último ano do Ensino Médio na época.

SEQUÊNCIA DIDÁTICA

Leiam o texto. A proposta é analisar uma síntese de um projeto com um tema do cotidiano feito por um grupo de alunos e refletir sobre as questões que seguem.

Atividade: Análise comparativa de quantidade de alimento em relação ao ganho de carne e gordura em suínos

A atividade tem por objetivo analisar o rendimento da quantidade de carne e gordura dos suínos produzidos por um agricultor rural (criador ou pequeno produtor) e num colégio de ensino médio técnico.

Houve mudanças na produção dos suínos com aumento da carne magra, ou seja, com menor teor de gordura. Isso revela maior cuidado na criação, tanto do ponto de vista sanitário como preocupações com o colesterol e menor consumo de gordura pelos humanos, diferentemente com o que ocorria na criação de porcos no chiqueiro.

Em entrevista realizada com um pequeno criador que vendia na feira e um funcionário do colégio, um grupo de estudantes buscou informações sobre a alimentação dos suínos, relacionando-as com o ganho de carne e gordura, a partir do gráfico (Figura 1) coletado em um artigo científico.

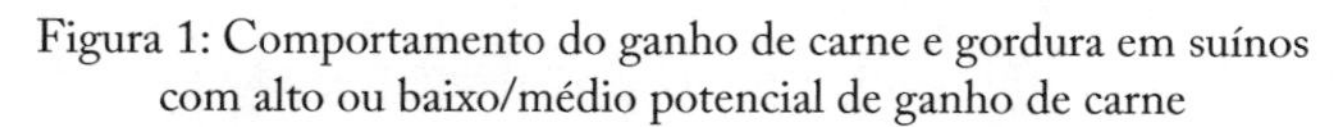
Figura 1: Comportamento do ganho de carne e gordura em suínos com alto ou baixo/médio potencial de ganho de carne

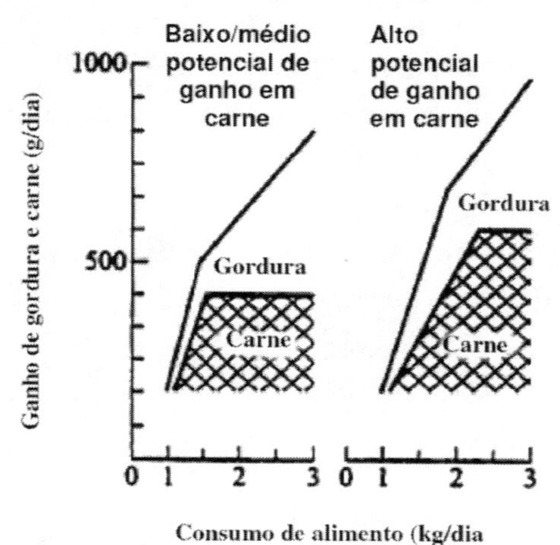

Fonte: Fávero; Bellaver (2001, p. 2 *apud* DINIZ, 2016, p. 167)[16].

16 FÁVERO, J. A.; BELLAVER, C. Produção de carne de suínos. *Embrapa Suínos e Aves*. EMBRAPA: [*S. l.*], 2001. Presente no relatório dos alunos e pode ser referência para

Os gráficos se referem aos suínos, classificados em dois tipos: baixo/médio ou alto potencial de ganho de carne. No eixo horizontal, temos a quantidade de alimento disponibilizada por dia (em quilogramas) e no eixo vertical, o ganho de carne e gordura por dia (em quilogramas) para cada tipo de animal.

A partir desses gráficos, os alunos coletaram dados da quantidade de alimento consumida (por dia) para três dos suínos do colégio e dos animais vendidos pelo pequeno criador, além das suas massas (Figuras 2 e 3). Eles eram alimentados duas vezes por dia. Os estudantes perceberam que não havia um controle nutricional adequado da ração disponibilizada para os suínos no colégio e pelo pequeno produtor, pois davam sobras da alimentação da família e de subprodutos da propriedade.

Figura 2: Massa dos suínos (em quilogramas)

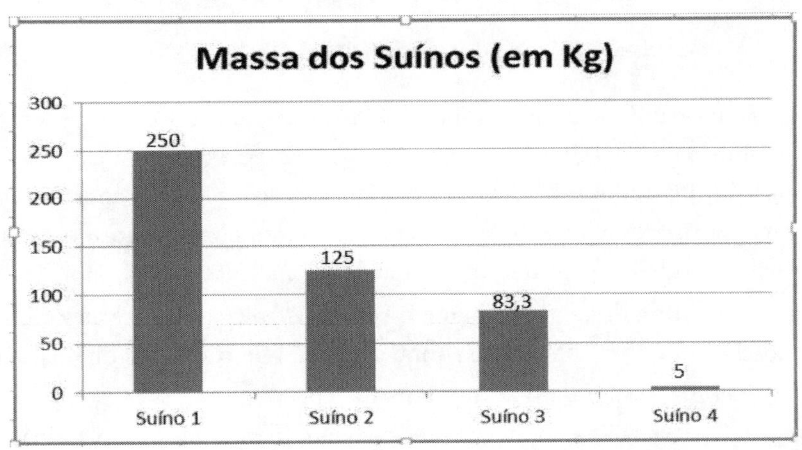

Fonte: Relatório dos alunos (DINIZ, 2016, p. 171).

As massas dos suínos 1, 2 e 3 se referem aos animais que são criados no colégio e a massa do suíno 4 é do criador externo. O valor dos suínos do pequeno produtor poderia variar de 5 a 100 quilogramas. Os estudantes escolheram o valor de 5 quilogramas e justificaram por ser a massa da maioria dos animais vendidos por ele.

---

aprofundamento do conteúdo pelo professor.

Figura 3: Quantidade de alimento por animal (em quilogramas)

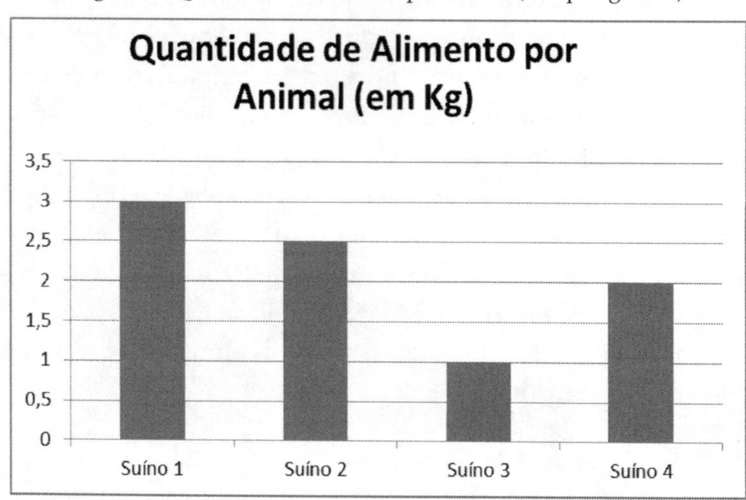

Fonte: Relatório dos alunos (DINIZ, 2016, p. 171).

Os alunos enfatizaram a importância do respeito ao conhecimento do criador, obtido a partir de suas vivências, o que fez com que relatasse que perdeu muito recurso financeiro. Assim, o criador procurou ajuda com agricultores e um veterinário. Com isso, compararam os gráficos e tiraram conclusões quanto à quantidade de alimentos para cada animal.

Após a leitura do texto, dialoguem com seus colegas, conforme orientado pelo professor, sobre o que mais chamou a atenção de vocês e as dúvidas surgidas. Em seguida, respondam as questões.

1. Qual é a massa do suíno 1 produzido no colégio e qual é a quantidade que ele consome por dia, em quilogramas?
2. Qual dos animais do colégio possui a menor massa? Ele é o que consome a maior quantidade de alimento?
3. Você acredita que os dados apresentados nas Figuras 2 e 3 são melhor representados nos gráficos de colunas? Justifiquem.
4. Comentem a frase: "quanto mais alimento damos aos suínos, mais ele terá carne. Com isso, terá mais retorno financeiro na sua venda".
5. Quais são os valores (aproximados e em quilogramas) para animais de baixo/médio e alto potenciais de ganho de carne para a quantidade de

alimento consumido por dia em que, a partir desses, os animais não ganhariam mais carne? Expliquem a resposta.

6. Em cada potencial de ganho de carne presente na Figura 1, comente o que aconteceria se fossem dados 4 quilogramas de alimento por dia. Justifiquem as respostas.
7. Na sua opinião, o tipo de alimento dado ao animal também interfere no potencial de ganho de carne e gordura? Comentem.
8. Ao comparar os gráficos, o que se pode concluir quanto à quantidade de alimento dado por dia? Analisem considerando a possibilidade do colégio e do produtor ter animais tanto de baixo/médio quanto alto potencial de ganho de carne. Comentem a resposta.

SUGESTÕES PARA O/A PROFESSOR/A

A criação de animais é um tema relevante não só para as escolas do campo como também para as da zona urbana no sentido de ajudar a conhecer mais os alimentos consumidos. A carne suína ainda possui preconceitos no seu consumo, uma vez que as pessoas ainda confundem com a criação dos porcos em chiqueiros, o que não existe mais no caso dos suínos.

Quanto à atividade, o foco central é atingir o objetivo presente no texto entregue aos alunos, que não necessitam coletar novos dados na Internet nem visitarem nenhum lugar. Aqui, os conteúdos de Matemática são vistos como meio para compreensão maior da realidade, algo que não é tão comum nas aulas desse componente. Isso pode contribuir para que os estudantes ressignifiquem o papel da contextualização na aprendizagem matemática, já que é atrelada aos conteúdos presentes no cotidiano.

A atividade foi construída considerando os níveis de compreensão e aspectos socioculturais que podem estar presentes nos processos de ensino e aprendizagem de gráficos estatísticos. Importante salientar a importância dos conhecimentos matemáticos prévios que podem ser mobilizados, como porcentagem e regra de três que, muitas vezes, representam as dificuldades em resolução de questões com estatística (DINIZ; DINIZ, 2022).

No caso dos níveis de compreensão dos gráficos estatísticos, de modo geral, podemos realizar leituras local ou global. A leitura pontual, também chamada de local, é denominada de *ler os dados* (CURCIO, 1987), como na identificação do tema do gráfico ou de um valor de uma variável do gráfico.

Na questão 1, temos que fazer a leitura do dado da massa do suíno 1 (250 kg, Figura 2) e a quantidade de alimento consumido por ele (3 kg, Figura 3). São consideradas, de modo geral, questões que os alunos não apresentam dificuldades.

Já no nível 2 de compreensão dos gráficos estatísticos, *ler entre os dados*, temos a leitura global, pois é necessário observar um conjunto de informações, como na questão 2 em que, para identificar o suíno de menor massa do colégio, precisamos comparar os valores dos suínos 1, 2 e 3 para percebemos que a resposta é o suíno 3 (Figura 2). Por fim, não é o que consome a maior quantidade de alimento, já que consome a menor quantidade (vide Figura 3).

Aqui, as três primeiras colunas de cada gráfico são comparadas. Nem sempre os alunos apresentam facilidades nesse tipo de questões, mas geralmente é o tipo de questão de nível 2 que eles possuem menos dificuldades em resolver (DINIZ; DINIZ, 2022).

Na questão 3, questiona-se a escolha dos alunos para os gráficos de colunas, presentes nas Figuras 2 e 3. Os gráficos estatísticos são uma representação geométrica e, portanto, visual. Explorar a mudança de representação tabular para gráfica é um processo importante a ser vivenciado pelos alunos para que compreendam as informações estatísticas, posicionem-se de modo crítico e tomem decisões (GAL, 2002; RUMSEY, 2002; ARTEAGA *et al.*, 2011).

Enfatizamos que as variáveis podem ter mais de um gráfico adequado para representá-las. Aqui temos gráficos adequados para comparar os dados, mas se queremos enfatizar a parte do todo que cada dado representa, o gráfico de colunas é o que melhor representaria o conjunto de dados.

As questões 4, 7 e 8 podem mobilizar conhecimentos e experiências não matemáticos, que podem ser mobilizados como sentimentos e emoções, exemplificações pessoais e conhecimentos sobre o tema do gráfico (MONTEIRO, 2006), além de conhecimentos etnomatemáticos (DINIZ, 2016).

A questão 4 é relativa à opinião dos alunos. Eles podem perceber que, nos gráficos da Figura 1, há um momento em que, por mais que se dê mais alimento, a quantidade de carne do suíno ficará constante e, portanto, só ganhará mais gordura e isso não significa, necessariamente, maior preço de revenda, já que o consumidor não vai comprar uma carne que tenha muita gordura, de modo geral.

Já na questão 5, os alunos precisam identificar os valores aproximados presentes no eixo horizontal que, a partir dele, os valores do eixo vertical são constantes, ou seja, 1,5 kg/dia para animais de baixo/médio, para se obter 417 gramas de carne por dia, e 2,8kg/dia para animais de alto potencial de ganho de carne, para ter 583 gramas de carne por dia. Esses pontos são fundamentais para a compreensão dos gráficos presentes na Figura 1.

O nível 3 de compreensão de gráficos estatísticos, *ler além dos dados*, está presente na questão 6, em que os alunos podem projetar as linhas presentes nos gráficos da Figura 1 para concluírem que o ganho de carne estará constante e os valores do ganho de gordura serão, aproximadamente, 1000 e 1150 gramas por dia, respectivamente, para animal com baixo/médio e alto potencial de ganho de carne.

Na questão 7, os alunos precisam mobilizar conhecimentos sobre o tema do projeto analisado e, ao considerar as questões nutricionais, podemos concluir que isso pode interferir nesse processo. Sugerimos que o docente estimule os alunos a levantarem hipóteses, como na associação com a alimentação humana, que podem permitir reflexões sobre o tema analisado.

Por fim, na questão 8, como não é dito o potencial de ganho de carne para cada contexto analisado, pede-se que considere os dois cenários. No caso do colégio, podemos concluir que a quantidade é maior do que o necessário se o potencial de ganho de carne for baixo/médio e alto, de modo geral. No caso do pequeno produtor, no potencial baixo/médio, é maior do que deveria ser, mas se for alto potencial, a quantidade de alimento é menor do que deveria ser.

A atividade pode ser complementada com convite a pequenos produtores ou com apresentação de vídeos sobre o tema no sentido de trazer mais informações e tirar possíveis dúvidas dos alunos e do docente.

Importante, ao final, que o professor solicite o posicionamento dos alunos sobre o que mudou quanto ao olhar deles a respeito do tema, o que eles aprenderam tanto com relação ao conteúdo gráfico estatístico quanto aos suínos. Essas questões permitem novas reflexões, posicionamentos críticos e tomada de decisões em situações de incerteza, típicas do conteúdo de Estatística.

Para aprofundamento das reflexões sobre a Educação Estatística, recomendamos acompanhar *lives* promovidas, material didático e artigos produzidos pelos membros do GT12 da Sociedade Brasileira de Educação Matemática. Para conhecer esse material, recomendo acompanhar o perfil @educacaoestatistica_gt12 no Instagram e o do nosso projeto, @projest.ufrb, na mesma rede social.

REFERÊNCIAS

ARTEAGA, P.; BATANERO, C.; CAÑADAS, G.; CONTRERAS, M. Las tablas y gráficos estadísticos como objetos culturales. **Revista Didáctica de las Matemáticas**, [*S. l.*], v. 76, n. 1, p. 55-67, 2011.

BARBOSA, J. C. Integrando modelagem matemática nas práticas pedagógicas. **Educação Matemática em Revista**, [*S. l.*], n. 26, p. 17-25, 2009. Disponível em: http://www.sbemrevista.com.br/revista/index.php/emr/article/view/5/5. Acesso em: 10 abr. 2023.

CURCIO, F. R. Comprehension of mathematical relationships expressed in graphs. **Journal for research in mathematics education**, v. 18, n. 5, p. 382-393, 1987.

DINIZ, L. N. **Leitura, construção e interpretação de gráficos estatísticos em projetos de modelagem matemática**. 2016. Tese (Doutorado em Ciências da Educação) – Instituto de Educação, Universidade do Minho, Braga-Portugal, 2016. Disponível em: https://repositorium.sdum.uminho.pt/bitstream/1822/54635/1/Leandro%20do%20Nascimento%20Diniz.pdf. Acesso em: 10 abr. 2023.

DINIZ, L. N.; DINIZ, I. G. A. Algumas reflexões sobre um mosaico de pesquisas do GPEMAR com o tema interpretação de gráficos estatísticos. **Educação Matemática Pesquisa**. São Paulo, v. 23. n. 4, p. 78-108, 2022. Disponível em: https://revistas.pucsp.br/index.php/emp/article/view/53454/pdf. Acesso em; 9 abr. 2023.

GAL, I. Adult statistical literacy: meaning, components, responsibilities. **International Statistical Review**, [*S. l.*], v. 70, n. 1, 2002, p. 1-25. Disponível em: https://iase-web.org/documents/intstatreview/02.Gal.pdf. Acesso em: 6 abr. 2023.

MONTEIRO, C. E. Explorando a complexidade da interpretação de gráficos entre Profe ssores em formação inicial. **Cadernos de Estudos Sociais**, v. 22, n. 2, 2006. Disponível em: https://periodicos.fundaj.gov.br/CAD/article/view/1372/1092. Acesso em: 10 abr. 2023.

RUMSEY, D. J. Statistical literacy as a goal for introductory statistics courses. **Journal of statistics education**, v. 10, n. 3, 2002. Disponível em: https://jse.amstat.org/v10n3/rumsey2.html. Acesso em: 10 abr. 2023.

ÁREAS DE FIGURAS ESTRANHAS

Gilson Bispo de Jesus
gilbjs@gmail.com

INTRODUÇÃO

A motivação inicial de socialização das ideias desta sequência didática teve início em um projeto desenvolvido para a IV Feira de Matemática da Escola Estadual Reunidas Almeida Sampaio, junto a estudantes do 8° ano do Ensino Fundamental, no ano de 2014. Na época, éramos um dos coordenadores de Matemática do Programa Nacional de Bolsas de Iniciação à Docência (PIBID) da Universidade Federal do Recôncavo da Bahia (UFRB) e o Almeida Sampaio era uma das escolas parceiras. O PIBID, em conjunto com os professores de matemática da escola, ficou responsável pela orientação e indicação de projetos para esta Feira. Assim, desenvolvemos em uma das turmas do 8º ano o projeto "Área de Figuras Estranhas".

Motivados por muitas das perguntas que estudantes fazem a respeito da aplicação da matemática, pensamos que, em geral, na Educação Básica, o trabalho com áreas remete ao cálculo de sua medida em figuras compostas ou decompostas a partir de fórmulas conhecidas para o cálculo de medida de área. Ficando os questionamentos: e quando não é possível realizar essa composição ou decomposição? O que fazer? Existe outra possibilidade? Com essas reflexões começamos o desenvolvimento da oficina propondo estudos relativos à regra de três simples (grandezas diretamente proporcionais), cálculo da medida da área de quadrados e da área de retângulos e, por fim, cálculo da medida da área de figuras irregulares (estranhas – figuras às quais não têm uma fórmula para o cálculo da medida de sua área e não é possível fazer uma composição ou decomposição com essa finalidade).

Cabe destacar que a sequência didática socializada sofreu ajustes e discussões ao longo desses anos e serviu de referência para o desenvolvimento de um Trabalho de Conclusão de Curso que orientamos que foi possível construir a fórmula para o cálculo da medida da área de uma superfície esférica.

A partir dessas reflexões objetivamos, com essa sequência didática, apresentar uma alternativa prática de como encontrar o valor da medida da área de figuras das quais não se conhece a fórmula, e que não podem ser calculadas por processo de composição, decomposição ou reconfiguração de figuras cuja área é conhecida.

Pontuamos que alguns conhecimentos prévios a respeito de área de retângulo, área de quadrado e proporcionalidade entre grandezas (regra de três simples) são necessários para o sucesso no desenvolvimento das atividades. Indicamos no final desse texto, nas orientações para o professor, alternativas que utilizamos, na turma em que desenvolvemos o projeto, para a construção desses conhecimentos, uma vez que assumimos que os estudantes da turma os desconheciam ou não os recordavam. Além disso, sugerimos aplicação da sequência didática em grupo de estudantes (o diálogo e troca de informações são importantes) e será necessário construir e providenciar alguns materiais.

SEQUÊNCIA DIDÁTICA

Para desenvolver as atividades que compõem a sequência didática será necessário providenciar os materiais que seguem para cada grupo.

- 1 régua de 30 cm;
- 1 calculadora simples;
- 1 balança de cozinha (pode ser uma única balança para toda a turma);
- 3 modelos de retângulo com medidas 10cm × 9cm, 18cm × 10cm e 6cm × 10cm (exemplo na Figura 01);
- 1 modelo de quadrado com medidas 12cm × 12cm (exemplo na Figura 2);
- Modelos de figuras estranhas (exemplo na Figura 3).

Figura 1: Modelos retangulares feitos de MDF

Fonte: Jesus (2022, p. 70).

Figura 2: Modelo de quadrado feito de MDF

Fonte: Jesus (2022, p. 72).

Figura 3: Modelos de figuras estranhas

Fonte: Jesus (2022, p. 73-74).

Cabe destacar que os modelos devem ser construídos com o mesmo material (pode ser material reciclado como papelão, contudo o mesmo tipo de papelão), caso contrário terá interferência negativa nos resultados esperados. Em verdade, estamos trabalhando com modelos espaciais e por não terem espessuras diferentes e serem constituídos com materiais idênticos não interferem no cálculo da área[17].

A Figura 4 é um exemplo de modelos construídos com o material reciclado papelão (prensados com cola) e que foram utilizados na IV Feira de Matemática da Escola Estadual Reunidas Almeida Sampaio.

Figura 4 – Modelos de papelão

Fonte: Acervo do autor.

ATIVIDADES

Para esta atividade você recebeu modelos retangulares, quadrangulares e de figuras "estranhas" construídos com o mesmo material. Além disso, você usará uma balança, uma calculadora e uma régua.

a) Você já sabe calcular a medida da área de um retângulo. Calcule a medida da área dos modelos de retângulo que recebeu. Qual a medida da massa de cada um desses modelos? Existe alguma relação entre a medida da massa e a medida da área?

	MEDIDA DA ÁREA	MEDIDA DA MASSA
RETÂNGULO 1		
RETÂNGULO 2		
RETÂNGULO 3		

17 Demonstraremos esse resultado nas orientações para o(a) professor(a).

b) Digamos que você não saiba como calcular a medida da área do quadrado. Com as medidas que você descobriu no item anterior, como faria para descobrir o valor da medida da área desse quadrado? Calcule a medida da área do quadrado usando a fórmula e verifique se foi o mesmo valor.

c) Você sabe que não existem fórmulas para calcular a medida das áreas das figuras estranhas que você recebeu. Como você poderia proceder para calcular o valor da medida da área dessas figuras? Determine o valor da medida da área de cada figura estranha.

d) Que conclusão você pode tirar?

PARA O(A) PROFESSOR(A)

Um dos desafios do professor de matemática da Educação Básica é favorecer, por meio de seu ensino, uma aprendizagem de conceitos matemáticos mais acessíveis aos estudantes. Somam-se a esse desafio as perguntas formuladas por esses estudantes a respeito da aplicação da matemática. A sequência didática apresentada pode minimizar essas questões, pois para o seu desenvolvimento foi preciso recorrer a saberes relativos[18] à regra de três simples, área de quadrado e área de retângulo no cálculo da medida da área de figuras irregulares.

Destacamos que o objetivo da sequência é investigar uma alternativa prática para encontrar o valor da medida da área de figuras da qual não se conhece uma fórmula, e que não podem ser calculadas por processo de composição, decomposição ou reconfiguração de figuras cuja área é conhecida.

Ratificamos que as situações matemáticas que foram apresentadas se constituem em atividades de natureza exploratória e investigativa, é por meio da interação ao manusear os materiais manipuláveis disponíveis que os alunos teriam a possibilidade de construir conceitos vislumbrando um recurso para a

---

18 Como a turma não tinha esses saberes disponíveis, inicialmente fizemos um estudo de conteúdos matemáticos, por meio de atividades, de forma que o estudante tivesse a oportunidade de construir o seu conhecimento. Mais especificamente, foi realizado um estudo a respeito do conceito de área de uma superfície, cálculo da medida da área do quadrado e do retângulo, proporção, grandezas diretamente proporcionais e regra de três simples. Como esse não era o foco principal da sequência didática, não apresentamos essas atividades. Caso o leitor tenha interesse, pode entrar em contato por e-mail e solicitá-las.

aprendizagem de matemática com mais significado, o saber não é "transmitido" ao aprendiz, mas sim construído juntamente com ele.

A utilização de recursos materiais manipuláveis pode tornar as atividades de matemática mais atraentes e motivadoras, o que contribui para uma melhor aprendizagem dos alunos. Nessa perspectiva, o professor tem um papel muito importante, ser cauteloso quando utilizar esses materiais, pois o objetivo não está nos materiais, mas sim nas atividades e no modo como esses materiais serão explorados.

A esse respeito, Lorenzato (2006) afirma que o professor deve saber utilizar corretamente os materiais didáticos, pois estes exigem conhecimentos específicos de quem os utiliza. Não se pode deixar que o material se torne apenas um brinquedo para o aluno. É o que aponta Turrioni (2004 *apud* JANUARIO, 2008, p. 6) ao defender que se o material manipulável for utilizado de modo coerente em sala de aula, com uma finalidade, pode tornar-se um grande aliado do professor para auxiliar no ensino e favorecer uma aprendizagem com mais significado. Dessa forma, faz com que o aluno consiga observar e analisar para desenvolver assim um raciocínio lógico, crítico e científico.

No que diz respeito às atividades, de início os grupos de alunos devem receber do professor os materiais necessários, ou seja, calculadora, régua, modelos retangulares e quadrangular, modelos de figuras estranhas e uma balança disponível para toda a turma.

Consideramos que os estudantes não sentiriam dificuldades em preencher o quadro, uma vez que sabem calcular a medida da área de um retângulo e fazer uma leitura do visor da balança das massas.

Com relação ao questionamento se existe alguma relação entre a medida da massa e a medida da área, espera-se que os alunos consultem o quadro que foi preenchido e percebam que um dos retângulos tem o dobro da medida da área de outro, bem como que existe um retângulo cuja medida da área é a terça parte da medida da área de outro retângulo. Esperamos que percebam que ao dobrar a medida da área dessas figuras o mesmo ocorre com a medida da massa e que ao reduzir a medida das áreas, consequentemente a medida das massas se reduz na mesma proporção.

Caso esse fato não seja notado pelos estudantes pode-se fazer questionamentos relacionados às áreas e massas a ponto de que percebam e consigam avançar nas atividades, por exemplo perguntando: o que aconteceu com as massas quando a área foi dobrada? Essas observações podem contribuir para que percebam que existe uma proporcionalidade direta entre as grandezas medidas das áreas e massas, no entanto se isso não ocorrer pode-se fazer inferências por meio do que já foi produzido por eles a respeito de grandezas diretamente proporcionais.

Vale pontuar que a escolha dos valores das medidas das áreas dos retângulos foi proposital, decidimos usar medidas de áreas em que uma fosse o dobro da outra, bem como que existisse uma medida sendo a terça parte da outra, justamente para que os próprios alunos chegassem à conclusão de haver proporção direta entre as medidas das áreas e das massas nos modelos de figuras disponibilizados sem que haja tanta interferência do docente.

No item (b), foi solicitado que o aluno suponha que não saiba calcular a medida da área do modelo de quadrado recebido. Assim, espera-se que com ideia de proporcionalidade direta entre as medidas das áreas e massas observadas, o estudante pense em medir a massa do modelo de quadrado e usar um dos retângulos do item (a), uma vez que as medidas da área e da massa já foram calculadas, além de apropriar-se da regra de três simples. É interessante notar que grupos diferentes podem escolher retângulos diferentes e chegarão ao mesmo resultado da medida da área do modelo de quadrado. Ao final desse item, os estudantes poderão ficar mais confiantes com o método construído quando calcularem a medida da área do quadrado e notarem que esse valor coincide com que foi realizado por meio de uma regra de três simples. Dessa forma, pode validar todo o processo vivenciado.

Cabe destacar que esses valores podem ser aproximados e que uma discussão nesse sentido é válida, a exemplo de que pode se ter pequenas falhas de fabricação no interior do MDF (ou do material reciclado utilizado, papelão não uniforme, cola em excesso...), ou uma aproximação da balança de cozinha que foi programada para mostrar apenas números naturais.

Por outro lado, no item (c), os alunos são desafiados a calcular as medidas das áreas dos modelos de figuras estranhas recebidos. Eles podem agora proceder com o método construído, inclusive comparando as medidas das áreas das figuras iguais, que devem ter os mesmos valores.

Assim, é esperado, diante das reflexões dos itens (a), (b) e (c), que os estudantes não tenham dificuldades em argumentar que uma maneira de proceder para encontrar a medida da área das figuras estranhas seria medindo suas massas e usando proporcionalidade entre as medidas da massa e da área de um dos modelos de retângulo, por exemplo.

Por fim, o item (d) vem com a finalidade de permitir ao professor identificar o aprendizado dos alunos, pois nesse item os estudantes devem informar suas conclusões referentes às medidas das massas e das áreas de figuras produzidas com o mesmo material. Logo, cabe ao professor sistematizar o fato de haver proporção direta entre essas medidas nos modelos de figuras disponibilizados.

Contudo, do ponto de vista da formação pessoal do professor, é fundamental que ele entenda o argumento que está por trás de toda essa discussão, ou seja, a densidade do material utilizado nas figuras. Em verdade, trabalhamos com sólidos e estamos falando da medida do seu volume. Podemos tratar todas as figuras envolvidas como modelos "prismáticos" (de base retangular, base quadrada, base estranha) todos com a mesma altura, assim o que vai fazer variar a medida do volume é a medida da área da base de cada forma "prismática".

É por meio da densidade que se pode saber a massa de uma substância que ocupa um determinado volume (densidade é a razão entre as medidas da massa e do volume de um corpo), ou seja, a densidade é dada por $d = \frac{m}{V}$ em que "d" representa a densidade, "m" a massa e "V" refere-se ao volume.

A densidade do material usado é invariante, pois utilizamos sempre o mesmo material. Assim, existe uma proporcionalidade direta entre as medidas do volume e da massa, e por considerarmos figuras "prismáticas" de mesma altura essa proporcionalidade se estende para a área da base. Isso nos leva a considerar que todas as figuras produzidas com esse material terão a mesma densidade, ou seja, todos os retângulos, o quadrado e as figuras estranhas possuem igual densidade (embora possa haver pequenas diferenças devido à natureza dos materiais).

Dessa forma, supondo que a densidade calculada em um dos retângulos seja dada por $d_1 = \frac{m_1}{V_1}$ e que a densidade calculada em uma figura estranha seja $d_2 = \frac{m_2}{V_2}$, como ambos os modelos foram feitos do mesmo material, então eles possuem densidades iguais, ou seja, $d_1 = d_2$. Logo, podemos escrever $\frac{m_1}{V_1} = \frac{m_2}{V_2}$, que são razões iguais e se substituirmos o volume de uma figura "prismática" pelo produto entre a área da base e a altura ($V = A \cdot h$), lembrando que a altura é constante, teríamos: $\frac{m_1}{A_1 \cdot h} = \frac{m_2}{A_2 \cdot h}$, o que é equivalente a $\frac{m_1}{A_1} = \frac{m_2}{A_2} \Leftrightarrow \frac{m_1}{m_2} = \frac{A_1}{A_2}$ o que possibilita calcular medidas de áreas da forma que foi calculada nos itens anteriores.

Nota-se que caso fossem usados modelos de figuras de diferentes materiais, as densidades seriam diferentes e as razões resultantes não seriam iguais. Inclusive os alunos podem questionar a respeito da validade do processo feito nos itens iniciais dessa atividade, nesse caso o professor deve estar preparado para explicar se remetendo à densidade.

Pontuamos que os Materiais Manipuláveis usados nessa atividade podem ser considerados como material de construção de conceito, já que sua utilização foi para introduzir o assunto de medidas de áreas estranhas antes de ser discutido com todos os detalhes pelo professor (JESUS, 2013). Além disso, cabe pontuar a importância desses materiais nessa atividade, pois eles foram fundamentais para que os alunos pudessem investigar a possibilidade de calcular medidas de áreas de figuras estranhas.

Propomo-nos, a partir da prática, a mostrar que é possível trabalhar e construir conceitos matemáticos, por meio de fontes que não sejam os livros didáticos. Por outro lado, a busca por outros materiais que servem de referência para o cálculo da medida da área de figuras estranhas pode se tornar uma fonte de pesquisa interessante que pode despertar a curiosidade dos alunos e envolver outras áreas do conhecimento para propiciar o olhar matemático diverso.

Acreditamos que os Materiais Manipuláveis utilizados e os conteúdos matemáticos estudados podem se configurar como bons recursos para o ensino e a aprendizagem de matemática na Educação Básica, pois quando o aluno tem contato com experimentos que podem ratificar em textos, pode contribuir para que haja amadurecimento de sua aprendizagem, uma vez que ao manusear, ele pode sentir prazer no que está fazendo e construir um aprendizado mais duradouro.

Por fim, com a realização dessa sequência didática, se pode vivenciar a aplicabilidade da matemática em questões cotidianas e as potencialidades do trabalho em grupo. Assim, acreditamos que esse trabalho pode contribuir com um grande valor formativo que agrega conhecimentos para a formação cidadã.

REFERÊNCIAS

JANUARIO, G. Materiais Manipuláveis: uma experiência com alunos da Educação de Jovens e Adultos. *In*: ENCONTRO ALAGOANO DE EDUCAÇÃO MATEMÁTICA, 1., 2008, Arapiraca. **Anais...** I EALEM: Didática da Matemática: uma questão de paradigma. Arapiraca: SBEM – SBEM-AL, 2008.

JESUS, G. B. Os materiais manipuláveis no processo de ensino e aprendizagem de matemática: algumas implicações no trabalho do professor. *In*: ENCONTRO BAIANO DE EDUCAÇÃO MATEMÁTICA, 15., 2013, Teixeira de Freitas. **Anais...** Teixeira de Freitas: SBEM/BA, 2013.

JESUS, B. **Áreas de Superfícies de Corpos Redondos Mediadas por Materiais Manipuláveis**. 2022. 102 f. Monografia (Trabalho de Conclusão de Curso – Licenciatura em Matemática) – Universidade Federal do Recôncavo da Bahia, Amargosa, 2022.

LORENZATO, S. Laboratório de ensino de matemática e materiais didáticos manipuláveis. *In*: LORENZATO, S. (org.). **O Laboratório de ensino de matemática na formação de professores**. Campinas: Autores Associados, 2006.

CONEXÕES ENTRE GEOMETRIA E ÁLGEBRA POR MEIO DE INVESTIGAÇÃO

Daniela Santa Inês Cunha
danielacunha@ifba.edu.br

INTRODUÇÃO

Uma das preocupações dos educadores matemáticos é viabilizar o protagonismo dos estudantes na sala de aula de matemática. Um caminho que pode contribuir para que estudantes assumam papel ativo em sala é convidá-los a participar de cenários de investigação. Tal cenário os motiva a formular questões e procurar explicações (SKOVSMOSE, 2000). O cenário de investigação toma forma por meio da ação dos estudantes e isso só acontece se estes de fato aceitam o convite.

Uma investigação matemática, muitas vezes, pressupõe navegar em caminhos desconhecidos sem ter domínio em que lugar de fato se pretende chegar. Um professor de matemática pode ter objetivos de ensino muito claros em seu planejamento e ainda assim viabilizar um trabalho investigativo com seus estudantes mediando os caminhos por meio de uma investigação controlada. Esse tipo de investigação se caracteriza por ser controlada, organizada e possuir um objetivo bem definido que não pode ser modificado (BIOTTO FILHO; FAUSTINO; MOURA, 2017).

A investigação controlada necessita de um instrumento por meio do qual se materialize e, nesse caso, consideramos uma sequência de tarefas que envolve investigações geométricas. As tarefas são ferramentas de mediação fundamentais no ensino e na aprendizagem de matemática, porém dependerão da maneira que serão conduzidas pelo professor para mobilizar reflexões e construção de novos conhecimentos pelos estudantes (PONTE, 2014).

A sequência de tarefas propostas relaciona aritmética com álgebra e convida estudantes a generalizar situações por meio da descoberta de padrões e podem ser utilizadas para introduzir a álgebra em turmas de ensino fundamental. A Tarefa 1 também pode ser um convite a estudantes de ensino médio para a compreensão do conceito de variável dependente, variável independente, relação entre duas variáveis e a ideia de função polinomial do primeiro grau. A Tarefa 2 pode ser utilizada para a descoberta de padrões que envolvem funções de comportamentos distintos: função constante; função polinomial do 1º grau, função polinomial do 2º grau e função polinomial do 3º grau.

INVESTIGAÇÕES GEOMÉTRICAS

TAREFA1: O Problema de Pintura de Faces

Deseja-se pintar as faces visíveis (externas) de cubinhos unitários sempre após a união gradativa de mais um cubinho na direção horizontal. A figura a seguir mostra como devemos proceder.

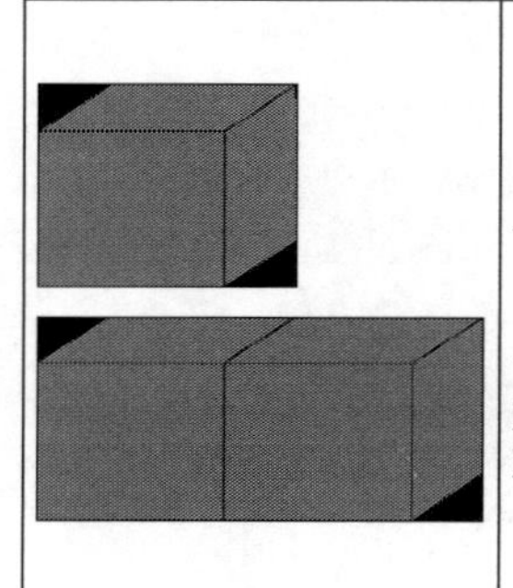	→ Um cubinho com todas as faces visíveis pintadas de cinza. Aqui temos um total de 6 faces visíveis pintadas. → Dois cubinhos acoplados com todas as suas faces visíveis pintadas. Neste caso, teríamos um total de 10 faces visíveis pintadas.

1. E se tivéssemos três cubinhos acoplados, quantas faces visíveis teríamos para pintar? Faça o desenho para te ajudar a pensar.
2. E se tivéssemos quatro cubinhos acoplados, quantas faces visíveis teríamos para pintar?
3. E se tivéssemos cinco cubinhos acoplados, quantas faces visíveis teríamos para pintar?
4. E se tivéssemos quinze cubinhos acoplados, quantas faces visíveis teríamos para pintar?
5. E se tivéssemos 66 cubinhos acoplados, quantas faces visíveis teríamos para pintar?

6. Investigue como faríamos se tivéssemos n cubinhos acoplados.
7. E se você soubesse o número de faces visíveis que ficam pintadas, saberia dizer quantos cubinhos foram acoplados? Por exemplo, se tivéssemos um total de 86 faces visíveis pintadas, quantos cubinhos estariam acoplados?
8. E se tivéssemos um total de 286 faces visíveis pintadas, quantos cubinhos estariam acoplados? Justifique sua resposta.

TAREFA 2: Cubos, cubos e mais cubos

Cubos de diferentes dimensões são construídos a partir de cubinhos unitários (arestas medindo 1u.c.). Imagine que queremos pintar estes cubos exteriormente de cinza conforme está representado a seguir:

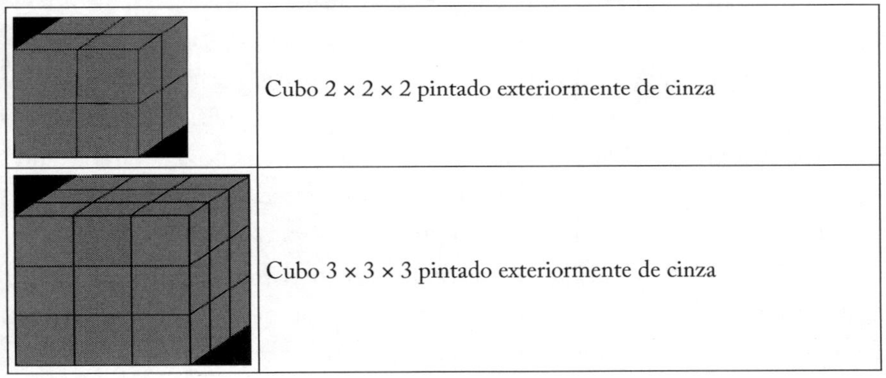

	Cubo 2 × 2 × 2 pintado exteriormente de cinza
	Cubo 3 × 3 × 3 pintado exteriormente de cinza

No caso do cubo 3 × 3 × 3 pintado exteriormente, quantos cubinhos unitários ficam com uma única face pintada? E com duas? E com três?... E com nenhuma?

Investigue o que aconteceria se pintássemos exteriormente um cubo 4 × 4 × 4. E se pintássemos um cubo 5 × 5 × 5 construído da mesma forma?

Você pode utilizar os cubinhos unitários disponíveis para auxiliar a sua investigação. Organize uma tabela com as suas descobertas sobre o número de cubinhos com 0, 1, 2, ... faces pintadas num cubo 3 × 3 × 3, 4 × 4 × 4 e 5 × 5 × 5.

Pense o que aconteceria em um cubo $n \times n \times n$. Anote as suas conclusões na tabela a seguir.

Cubo	Quantidade de cubinhos com 3 faces pintadas	Quantidade de cubinhos com 2 faces pintadas	Quantidade de cubinhos com 1 face pintada	Quantidade de cubinhos com 0 face(s) pintada(s)
$3 \times 3 \times 3$				
$4 \times 4 \times 4$				
$5 \times 5 \times 5$				
...	...	...	...	...
$n \times n \times n$				

PARA O(A) PROFESSOR(A)

A Tarefa 1 foi retirada da dissertação de mestrado da autora (CUNHA, 2009) e é uma adaptação da proposta de Fagan (2005). A adaptação foi realizada para transformar uma tarefa com característica de exercício de simples execução para uma tarefa feita em um ambiente de investigação controlada. Na dissertação estão disponíveis outras tarefas de natureza semelhante para serem aplicadas com outros públicos e objetivos distintos de ensino. As tarefas aqui propostas podem ser trabalhadas com o auxílio do material dourado (cubinhos unitários) ou cubos de mesmo tamanho produzidos com materiais diversos.

A ideia da Tarefa 1 consiste em um trabalho ativo dos alunos por meio de uma abordagem investigativa na busca por padrões numéricos que relacionam forma e quantidade. O estudo consiste na contagem de cubos acoplados entre si e o cálculo do número de faces pintadas após a pintura de sua superfície externa. A quantidade de cubos acoplados vai crescendo horizontalmente e gradativamente e os estudantes são convidados a investigar padrões que relacionem a quantidade de cubos com o número de faces pintadas.

Os primeiros exemplos apresentam-se já resolvidos, com o objetivo de auxiliar o estudante a compreender o processo de contagem para que ele possa, em seguida, continuá-lo. Inicialmente, é fornecida a quantidade de cubinhos acoplados e pede-se que verifiquem o acréscimo de faces pintadas a cada cubinho acoplado e, em seguida, sugerimos uma generalização do cálculo. Posteriormente é pedido que os estudantes efetuem o processo inverso, ou seja, dado o número de faces pintadas, pede-se que determinem a quantidade de cubinhos utilizados. Por último é pedido, também, uma generalização para este cálculo. A expressão que associa o número "F" de faces pintadas ao total "n" de cubinhos acoplados é dada por $F = 4.n + 2$.

Após o desenvolvimento de habilidades espaciais promovidas pela Tarefa 1: O Problema da Pintura de Faces e a iniciação da investigação controlada na realização desta tarefa inicial, pretende-se propor um problema de investigação um pouco menos controlado. Inicia-se a Tarefa 2: Cubos, cubos e mais cubos com a construção de um cubo 3 × 3 × 3 formado por cubinhos unitários, adaptada de Veloso, Fonseca, Ponte e Abrantes (1999). A ideia consiste em imaginar a pintura da superfície externa do cubo para investigar a quantidade de cubinhos unitários que ficarão com 0, 1, 2 e 3 faces pintadas. O problema é estendido para o cubo 4 × 4 × 4 e 5 × 5 × 5 e, finalmente, é pedido aos estudantes que busquem uma generalização do problema para um cubo $n \times n \times n$.

O número de cubinhos com três faces pintadas é fixo e igual a 8, independentemente da medida da aresta do cubo. A procura do número de cubinhos com duas faces pintadas pode gerar dificuldade para alguns professores e estudantes. A contagem por face se torna desafiadora, já que um mesmo cubinho com duas faces pintadas se repete sempre em duas faces distintas. É possível perceber que se torna mais fácil percorrer as arestas, eliminando o problema de repetição das faces chegando à generalização $12.(n-2)$ para o número de cubinhos com duas faces pintadas. Esse número pode ser associado ao número de arestas do cubo (12 multiplicado por n – 2), já que cada aresta corresponde a dois cubinhos na extremidade que não possuem somente duas faces pintadas.

O número de cubinhos com uma única face pintada pode ser visto e generalizado da seguinte forma: ao observar uma das faces do cubo maior, se percebe que os cubinhos com uma única face pintada aparecem na região central de cada face. Dessa forma, a quantidade de cubinhos com uma única face pintada está associada ao número de quadrados de cada face que não tem contato com a aresta do cubo maior. A união dos quadradinhos em cada face forma um quadrado com a retirada de duas unidades de comprimento e duas de largura. Como cada cubo possui 6 faces, para o cubo de aresta n teríamos $6.(n-2)^2$ cubinhos com apenas uma face pintada.

O total de cubinhos com nenhuma face pintada pôde ser pensado como a quantidade destes presentes em um cubo "interno", cuja aresta mede duas unidades a menos que o cubo original (tirando duas unidades no comprimento, duas na largura e duas na altura). Assim o número de cubinhos com exatamente uma face pintada pôde ser calculado em função do número n da aresta como $(n-2)^3$. Finalmente, o número de cubinhos com 0, 1, 2 e 3 faces pintadas em função do total de cubinhos representa funções polinomiais do terceiro grau, quadrática, linear e constante, respectivamente. Chamando de P_1, P_1, P_3 e P_3, o número total de cubinhos com 0, 1, 2 e 3 faces pintadas, respectivamente, temos as funções: $P_0 = (n-2)^3, P_1 = 6.(n-2)^2, P_2 = 12.(n-2)$ e $P_3 = 8$.

As tarefas 1 e 2 relacionam geometria e álgebra e têm o objetivo de conduzir estudantes desde o processo de contagem até a busca de generalização, o que contribui para o desenvolvimento do pensamento algébrico. Uma das ações fundamentais para a compreensão da álgebra consiste em utilizar expressões algébricas na interpretação e resolução de problemas matemáticos (PONTE; BRANCO; MATOS, 2009). Nessa direção, a álgebra ganha significado concreto, ao mesmo tempo em que se desenvolve a percepção espacial pelo contato com os cubos produzidos com material concreto.

A sequência de tarefas conduzida pela(o) professora(o) promove o desenvolvimento da habilidade da Base Nacional Comum Curricular (BRASIL, 2017) de código EM13MAT501 do Ensino Médio, que consiste em investigar relações entre números expressos em tabelas para representá-los no plano cartesiano, identificar padrões e criar conjecturas para generalizar e expressar algebricamente essa generalização e reconhecer quando essa representação é de função polinomial de 1º grau. No âmbito do ensino fundamental – anos finais, a resolução das tarefas 1 e 2 conduzem o estudante a utilizar a simbologia algébrica para expressar regularidades encontradas em sequências numéricas, o que contribui para a difusão da habilidade de código EF07MA15 do referido documento.

REFERÊNCIAS

BIOTTO FILHO, Denival; FAUSTINO, Ana Carolina; MOURA, Amanda Queiroz. Cenários para investigação, imaginação e ação. **Revista Paranaense de Educação Matemática**, v. 6, n. 12, p. 64-80, 2017.

BRASIL. Ministério da Educação. **Base Nacional Comum Curricular**. Brasília: MEC, 2017.

CUNHA, Daniela Santa Inês. **Investigações Geométricas**: desde a formação do professor até a sala de aula de Matemática. 2009. Dissertação (Mestrado) – Programa de Pós-Graduação em Ensino de Matemática, UFRJ/IM, Rio de Janeiro, 2009.

FAGAN, Emily. Spotlight on the principles: Creating an environment for learning with understanding: The learning principle. **Mathematics Teaching in the Middle School,** v. 11, n. 1, p. 35-39, 2005.

PONTE, João Pedro da. **Práticas profissionais dos professores de Matemática.** 2014.

PONTE, João Pedro da; BRANCO, Neusa; MATOS, Ana. **Álgebra no ensino básico**. Lisboa: DGIDC. 2009.

SKOVSMOSE, Ole. Cenários para investigação. **Bolema-Boletim de Educação Matemática,** v. 13, n. 14, p. 66-91, 2000.

VELOSO, FONSECA, PONTE & ABRANTES (org.). **Ensino da Geometria no virar do milénio**. Lisboa: DEFCUL, 1999.

AS AUTORAS E OS AUTORES

ANDERON MELHOR MIRANDA

Doutor em Ciências da Educação, na especialidade Educação Matemática, pela Universidade do Minho/Portugal. Mestre em Educação Matemática pela Universidade Federal de Ouro Preto (UFOP) e Especialista em Educação Matemática pela Universidade Católica do Salvador (UCSal). Graduado em Licenciatura em Matemática pela Universidade Federal da Bahia (UFBA). Possui experiências em Educação Matemática com ênfase em Tecnologias da Informação, Digitais e Redes Sociais, Ensino Superior, Formação de Professores e Educação do Campo.

http://lattes.cnpq.br/6314500191056531

ANETE OTÍLIA CARDOSO DE SANTANA CRUZ

EMFoquiana desde 2006. Sou Professora Doutora em Didática da Matemática (Universidade Federal da Bahia – UFBA) e Mestra em Educação Matemática (Universidade Federal do Rio Grande do Norte – UFRN). Atuo como Professora-Pesquisadora e Gestora no Instituto Federal da Bahia (IFBA). Como Educadora realizo estudos e pesquisas na Educação Matemática no que se refere à Formação de Professoras/es com perspectiva na Inclusão, Gênero e Diversidade.

http://lattes.cnpq.br/5791680360838262

CECILIA MANOELLA CARVALHO ALMEIDA

EMFoquiana desde 2014. Sou Professora Mestra e Doutoranda em Didática da Matemática (Universidade Federal da Bahia – UFBA). Sou Professora-Pesquisadora no Instituto Federal da Bahia (IFBA). Como Educadora realizo estudos e pesquisas na Educação Matemática no que se refere à Formação de Professores relativo ao Ensino de Probabilidade e afins. Estive na presidência do Grupo de Estudos e Pesquisas Educação Matemática em Foco – Grupo EMFoco durante a concepção e desenvolvimento deste livro.

http://lattes.cnpq.br/2400113751505882

CLAUDIA REGINA CRUZ COELHO DE JESUS

Sou sócia-fundadora do Grupo EMFoco, Licenciada em Matemática pela Universidade Federal da Bahia (UFBA), Especialista em Educação Matemática pela Universidade Católica do Salvador (UCSAL) e mestranda em Ensino de Ciências e Matemática pela Universidade Cruzeiro do Sul (UNICSUL). Professora da Educação Básica pela SEC-BA atuando no Ensino Médio, pesquisadora com especial interesse em currículo e livro didático.

http://lattes.cnpq.br/5104441694070328

DANIELA SANTA INÊS CUNHA

Doutoranda em Educação pelo Programa de Pós-Graduação em Educação da Universidade Federal da Bahia (UFBA), Mestra em Ensino de Matemática pela Universidade Federal do Rio de Janeiro e Licenciada em Matemática pela UFBA. Atualmente é professora do Instituto Federal de Educação, Ciência e Tecnologia da Bahia (IFBA), onde atua no Ensino Superior, nos Cursos da Licenciatura em Matemática, nas Engenharias, assim como nas Graduações Tecnológicas e no Ensino Médio Integrado. Pesquisadora do Núcleo de Estudos de Matemática, Estatística e Educação (NEMEE/IFBA), do Observatório da Educação Matemática (OEM/UFBA) e do grupo de Educação Matemática EMFoco realizando estudos e pesquisas na Educação Matemática no que se refere à Formação de Professoras/es.

http://lattes.cnpq.br/7402850370606530

ELDA VIEIRA TRAMM

Membro efetivo e honorário do Grupo de Estudos e Pesquisas Educação Matemática em Foco (EMFoco) desde 2007. Doutora em Didática da Matemática pela Universidade de Utrecht/Holanda, Mestra em Educação, Licenciada e Bacharel pela Universidade Federal da Bahia (UFBA). Possuo Registro de Formador nas áreas e domínios (Informática, Matemática, Avaliação, Didacticas Específicas e Tecnologias Educativas) pelo Conselho Científico-Pedagógico da Formação Contínua (CCPFC)/Braga e Certificado de Competências Pedagógicas para Formador pelo Instituto de Formação e Emprego (IEFP) Portugal. Atualmente exerço a função de formadora e consultora em Portugal (CEFOSAP, APM, Cruz Vermelha-Cascais, Escola Secundária Ferreira Dias (ESFD-Cacém) e outros). Características: ousada, irreverente, desafiadora, apaixonada pelo ensino e aprendizagem da Matemática. Missão: Elaborar sequências didáticas investigativas que auxiliem os professores a refletir e, em conjunto, apoiado na prática e na teoria, descobrir o viés e os porquês do ensino da Matemática nas Escolas previlegiam o ensino de fórmulas.

http://lattes.cnpq.br/3667147332382821

ELIETE FERREIRA DOS SANTOS

Professora de Matemática e Estatística do Ensino médio e Profissionalizante pela SEC/BA, graduada em Ciências Matemáticas pela UFBa e Bacharelado em Ciências Estatística pela Escola Superior de Estatística da Bahia, Licenciatura Plena pela UNEB no curso de Formação Especializada do Ensino do 2° Grau (Esquema 1) UNEB, especialização em Matemática – Avaliação UNEB/IAT/SEC – PROGESTAO, GESTAR pela SEC – PRONATEC/MEC – Tutora on-line do Estágio Supervisionado em Matemática UNEB – Arte Educação Tecnológica – Arteduca UnB.

http://lattes.cnpq.br/3124842833925927

GILSON BISPO DE JESUS

Sou Doutor e Mestre em Educação Matemática pela Pontifícia Universidade Católica de São Paulo (PUC/SP); e Licenciado em Matemática pela Universidade Federal da Bahia (UFBA). Atualmente, sou professor do Centro de Formação de Professores da Universidade Federal do Recôncavo da Bahia (UFRB), local onde realizo estudos e pesquisas em Didática da Matemática. Meu interesse pessoal e profissional é o processo de ensino e aprendizagem de Matemática, sendo o estudante ator principal nesse processo.

http://lattes.cnpq.br/2693146256703536

JOSÉ WALBER DE SOUZA FERREIRA

Mestrando do PPG em Ensino de Ciências e Matemática pela Universidade Cruzeiro do Sul (UNICSUL), especialista em Educação Matemática pela Universidade Católica do Salvador (UCSal), especialista em Educação de Jovens e Adultos pela Universidade do Estado da Bahia (UNEB), graduado em Licenciatura em Matemática pela UCSal, professor de Matemática da Rede Estadual de Ensino da Bahia. Atualmente, é presidente do Grupo de Estudos em Educação Matemática (EMFoco).

http://lattes.cnpq.br/1442511297246303

JUSSARA GOMES ARAÚJO CUNHA

Membro efetivo do EMFoco, mestre em Gestão e Tecnologias Aplicadas à Educação pela UNEB, especialização em "A Moderna Educação: metodologias, tendências e foco no aluno pela PUCRS", especialização em Educação Matemática pela UCSal, especialização em Ciências da Natureza e Matemática e suas Tecnologias para Ensino Médio pela UNB, especialização em Novas Tecnologias Aplicadas à Educação pela Faculdade São Salvador e Licenciatura em Matemática pela Universidade Católica do Salvador. Atualmente é professora – Secretaria de Educação do Estado da Bahia.

http://lattes.cnpq.br/5898236642336371

LEANDRO DO NASCIMENTO DINIZ

Atuei como docente da Educação Básica por oito anos. Sou professor de Educação Matemática na Universidade Federal do Recôncavo da Bahia (UFRB), no Centro de Formação de Professores (CFP), em Amargosa, Bahia. Sou sócio da SBEM e tenho doutorado em Ciências da Educação, especialidade em Educação Matemática pela Universidade do Minho, Braga, Portugal. Tenho especial interesse por Educação Estatística, Feiras de Matemática, Tecnologias Digitais e Modelagem Matemática na Educação Matemática.

http://lattes.cnpq.br/4866008724016020

MARCUS VINICIUS OLIVEIRA LOPES DA SILVA

Membro efetivo do Grupo EMFoco, Mestre em Matemática (PROFMAT – UFBA), especialista em Subsídios para o Ensino da matemática no ensino Básico pela Universidade Católica do Salvador – UCSal, Licenciado em Matemática pela UFBA. Atuo como professor de matemática nas redes municipal e estadual em Salvador – BA. Realizo estudos e pesquisas na Educação Matemática, no uso da Geometria Fractal em sala de aula e atualmente trabalho em projeto de educação matemática na luta antirracista pela UFBA através do Programa de Apoio a Projetos de Iniciação Científica em Matemática professora Dra. Eliza Maria Ferreira Veras da Silva.

http://lattes.cnpq.br/9767960988626719